气动噪声计算方法及其应用

司海青　朱卫军　著

科学出版社

北　京

内 容 简 介

本书共分 6 章。第 1 章为绪论，主要介绍气动噪声计算的国内外研究进展、主要研究内容及展望；第 2 章为经典的 CAA 离散格式，主要介绍传统的气动噪声数值离散格式、声学边界条件、人工耗散与过滤器；第 3 章为网格优化的迎风型色散保持气动声学格式；改进的声扰动方程及其数值验证；第 4 章为基于格子 Boltzmann 方法的气动声学计算方法，完善并研究了格子 Boltzmann 方法，改进了一种吸收边界条件；第 5 章为 FW-H 声比拟噪声预测的高级时间方法，主要介绍 FW-H 声比拟噪声预测的延迟与高级时间方法；第 6 章为气动噪声预测的半经验模型，主要介绍了数值预测风力机翼型、叶片气动噪声的半经验方法。

本书主要供对气动噪声研究有兴趣的研究生、本科生使用，也可以作为航空、民航院校研究生的教学参考用书。

图书在版编目(CIP)数据

气动噪声计算方法及其应用/司海青，朱卫军著. —北京：科学出版社，2017.5

ISBN 978-7-03-052108-8

Ⅰ. ①气…　Ⅱ. ①司…　②朱…　Ⅲ. ①气动噪声–计算方法　Ⅳ. ①O422.8

中国版本图书馆 CIP 数据核字（2017）第 050442 号

责任编辑：潘志坚 / 责任校对：杜子昂
责任印制：谭宏宇 / 封面设计：殷　靓

科 学 出 版 社 出版
北京东黄城根北街 16 号
邮政编码：100717
http：//www.sciencep.com

广东虎彩云印刷有限公司印刷
科学出版社发行　各地新华书店经销

*

2017 年 5 月第　一　版　开本：720 × 1000　1/16
2024 年 1 月第十四次印刷　印张：10　插页：2
字数：210 000

定价：69.00 元

（如有印装质量问题，我社负责调换）

前　言

高雷诺数流动引起的湍流噪声问题越来越受到科研人员以及飞机、导弹、风力机设计者等的重视。例如，飞机发动机、起落架、含有襟翼、缝翼的增升装置等构件，特别是在飞机起降阶段，都是飞机重要的噪声源。因此，准确地预测流动产生的噪声，正确地理解噪声产生和传播的机理，是有效控制噪声的重要前提。本书主要研究数值预测气动噪声的方法，并对提出的数值方法进行了验证。

全书共分 6 章。第 1 章为绪论，主要介绍气动噪声计算的国内外研究进展、主要研究内容及展望；第 2 章为经典的 CAA 离散格式，主要介绍传统的气动噪声数值离散格式、声学边界条件、人工耗散与过滤器；第 3 章为网格优化的迎风型色散保持气动声学格式，详细推导这种格式的系数，改进了声扰动方程，最后进行数值验证；第 4 章为基于格子 Boltzmann 方法的气动声学计算方法，完善并研究了格子 Boltzmann 方法，改进了一种吸收边界条件，证明了它模拟气动声传播的能力；第 5 章为 FW-H 声比拟噪声预测的高级时间方法，主要介绍了 FW-H 声比拟噪声预测的延迟与高级时间方法，并将高级时间方法应用于风力机翼型气动噪声的预测；第 6 章为气动噪声预测的半经验模型，主要介绍了数值预测风力机翼型、叶片气动噪声的半经验方法，并进行了验证。

本书第 1、3、4、6 章由司海青撰写；第 2 章由朱卫军撰写；第 5 章由司海青、朱卫军共同撰写。全书由司海青统稿。

本书的研究得到了国家自然科学基金（资助号：11272151、10902050、11672261）、航空科学基金（资助号：20101452017）、江苏省自然科学基金（资助号：BK2011724）、中国博士后基金（资助号：201104565、20100481138）的资助。撰写过程中参阅了许多参考文献，在此一并表示感谢。

由于撰写时间仓促，水平有限，不足之处恳请广大读者批评指正。

司海青
2016 年 12 月 8 日
于南京航空航天大学民航学院

目　录

第1章 绪　论

1.1 国内外研究进展

高雷诺数流动引起的湍流噪声问题越来越受到科研人员以及飞机、导弹设计者等的重视，在飞机尤其是大型民用客机的设计中，噪声问题是必须考虑的关键问题之一，它也是适航审定的重要指标之一。例如，飞机发动机、起落架、含有襟翼、缝翼的增升装置等构件，特别是在飞机起降阶段，都是飞机主要的噪声源。又如，导弹飞行过程中弹体上的部件所产生的宽带噪声，会引起气流分离流、旋涡、湍流及其附面层相互干扰，必然对气动性能产生影响。因此，准确地预测流动产生的噪声，正确地理解噪声产生和传播的机理，是有效控制噪声的重要前提。

传统的计算流体力学离散格式已经经历了快速发展的阶段，然而，对于解决近年来在计算流体力学(CFD)基础上发展起来的计算气动声学问题，这些传统格式在某种程度上不能令人满意，其原因是，声波从声源到远场的传播是一个长时间、长距离的过程，要准确模拟这个过程就需要低耗散、低色散的数值格式。因而，一些传统的 CFD 格式，如 ENO 格式、MacCormack 格式等，被改进并推广到气动声学的数值模拟研究[1, 2]之中。Tam 和 Webb[3]首次提出了色散关系保持(DRP)的 7 点-4 阶有限差分格式，其特点是，在波数空间运用傅里叶变换和泰勒级数展开对差分系数进行优化，使得差分方程和原微分方程具有相同的色散关系。该类型的格式已广泛应用于空腔噪声[4]及喷气噪声计算[5]。

Tam 和 Webb 的 DRP 格式及 Cheong 和 Lee 提出的 GODRP(grid optimized DRP)格式[7]均是中心型的差分格式，它们实质上是无耗散的格式，因此，当数值模拟流场中有间断的问题时，在计算解中会出现不稳定振荡。为消除不稳定振荡，通常采用加入过滤器或显式耗散项，尽管如此，仍然存在依赖于声学问题的许多因素。然而，高精度的优化迎风格式[8]不但能确保声波的传播方向，而且，由于其内在的耗散性，能够自动地消除计算解中的不稳定波。与中心型 DRP 格式类似，这些迎风型格式也是在波数空间进行系数优化；这些格式之间的主要差别是优化过程中数值波数虚部的处理方法。另外，文献[9]改进了 Cheong 和 Lee 提出的 GODRP 格式的优化系数计算公式，使其更加通用，并分析了优化参数的影响；仅利用泰勒展开法，文献[10]研究了非等距网格上 7 点-6 阶高精度格式，并分析了格式适用的波数范围。

迄今为止，优化的迎风型色散关系保持格式主要是基于均匀笛卡儿网格上研究的，然而，实际的气动声学问题不是仅局限于此种网格。最近，基于非均匀笛卡儿网格，Cheong 和 Lee 提出了网格优化的 DRP(GODRP)格式，此格式使得有限差分方程和原微分方程保持局部相同的色散关系。根据 GODRP 的优化过程，本书研究了非均匀笛卡儿网格上网格优化的迎风型色散关系保持格式，并给出了格式优化系数的详细推导过程，为验证本书提供的格式的有效性，本书对经典的声学问题进行数值模拟并加以详细比较。

气动声学是流体力学和经典声学的交叉研究领域[11]。由于声学量和流场量在长度尺度方面存在很大差异，为正确地分辨声学扰动，直接气动噪声模拟的成本比较高。计算气动声学(AA)还是一个较新的研究领域，不存在一个解决工程问题的廉价方法。最常用的方法是将 CFD 中的方法推广到 CAA 中。然而，CFD 格式在近场会将声波耗散掉，这与 CAA 的基本思想是不吻合的。

对于 CAA，格式的数值误差必须小于10^{-5}，这样才能准确地分辨出声波扰动。噪声模拟需要低色散和低耗散的数值格式，因而经典的 CFD 格式[12, 13]不能直接应用于气动噪声的计算。1993 年，Tam 和 Webb 首次提出了应用于 CAA 问题的高精度的数值格式，随后，计算气动声学的数值研究得到快速的发展[14, 15]。最近，一些研究将 ENO 或 WENO 格式推广到 CAA 中。Ekaterinairs[16]比较了 WENO 格式和紧致有限差分格式，结合特征基础的过滤技术，并在曲线网格上研究了一些气动问题。Popescu[17]直接将 DRP 或紧致有限差分格式推广到有限体积方法上。Daru 和 Gloerfelt[18]提出了一类迎风限制格式。

优化的格式，如 Tam 和 Webb 的 DRP、Cheong 和 Lee 的 GODRP 格式等，都是基于中心型差分格式，这些格式本质上是没有耗散的，在数值模拟含有间断问题时会导致非物理的振荡。为消除这些非物理振荡，中心型差分格式常常需要过滤或显式耗散项。尽管人工耗散项的应用较多，但是，它依赖于不同的问题。高阶优化的迎风型格式不仅确保声波沿着正确的物理方向传播，而且能自动抑制计算解中的非物理波。这类迎风型格式是在波数空间内进行优化的，然而，主要差别在于优化过程中数值波数虚部的处理方式不同。

Zhuang 和 Chen[19]研究了均匀笛卡儿网格上优化的迎风型色散保持格式，然而，噪声工程问题的数值模拟不可能仅局限于使用均匀笛卡儿网格。实际的气动声学问题，例如，腔内带有弹体的空腔复杂流动产生的噪声问题、喷气发动机产生的喷气的噪声、直升机旋翼产生的噪声、风力机产生的噪声等，在解决类似复杂外形产生噪声的问题时，特别是物体边界的处理，大都涉及曲度变化大的物体外形结构，不能生成均匀分布的笛卡儿网格，经常会使用非均匀的曲线网格，此时，若仍采用现有笛卡儿网格上的 CAA 计算方法，就可能会产生很大的数值频散，会导致数值计算的不稳定，甚至会得到错误的结果。为了消除由网格不均匀造成的影响，通常的做法是在计算过程中加入人工阻尼，即选择性的人工黏性，但是人工黏性的使用，将导致计算复杂耗时，且使得程序的通用性降低，所采用的黏性项的大小和分布，很大程度上依赖于经验的积累。因此，如何解决网格的非均匀性引起的计算复杂度问题，成为 CAA 领域中关注的焦点之一。经过以上分析，要解决这类复杂问题，数值计算中所使用的网格就可以考虑采用曲线网格，因而研究曲线网格上的 CAA 数值格式是必需的。目前，有关曲线网格上 CAA 格式的研究文献不多见，为此，本书将已研究的低色散、低耗散、高精度迎风型 GOUPDRP(grid optimized upwind DRP)格式推广到曲线网格上，首先对经典的声学问题进行数值模拟并加以比较，同时，结合空腔流动问题，讨论这种格式对空腔流动激励声场的影响。

流动噪声问题[20, 21]目前受到气动研究人员、飞机与汽车等工程设计人员的关注。由于流场与声场尺度存在较大差别，尽管噪声直接模拟(DNS)已在少数工程问题[22]中发挥作用，但气动噪声的直接数值模拟对于复杂噪声问题是不可行的。然而，混合数值模拟方法是一个较好的折中方法，它不仅能节省计算成本，而且还是一个有效的气动噪声预测技术。

在计算气动声学方法研究中，线性化欧拉方程是模拟声传播问题常用的控制方程，它是 Lighthill 声比拟方法的一种延伸，能够提供较准确的计算解。线性化欧拉方程考虑到非均匀流引起的折射和对流影响，它常被用做求解气动声学中的许多经典问题[23, 24]。基于声源过滤方法及稳定性分析，可以得到模拟声传播的另一类控制方程即声扰动方程[25]。

然而，在运用 LEE 和声扰动方程(APE)模拟声在剪切流中传播问题时，两种控制方程计算得到的声压幅值存在差别[25, 26]。在空腔流动噪声问题[27]的数值研究中，对于同一问题中的同一位置，LEE[28]和 APE 计算得到了不同的声压谱。由现有研究可知，尽管 APE 方程无需求解密度方程，计算成本相对较少，但是，与线性化欧拉方程相比，APE 预测得到的压力峰值较小。为弥补 APE 方程预测压力峰值较小的缺点，本书对 APE 方程进行改进，加入了一种声源项，从而使得改进的 APE 方程(IAPE)能够和线性化欧拉方程的计算结果保持一致。

与传统的 Navier-Stokes(N-S)方法[29, 30]相比，格子 Boltzmann 方法(LBM)具有内在的优点，它是模拟流体流动研究中一种著名的计算流体力学方法。数值模拟中常用的传统方法是从宏观角度出发，基于连续介质假设，采用数值方法求解 Euler 或 N-S 方程，它需要处理非线性对流项。在不可压缩的情况下，N-S 方程中压力项需要求解 Poisson 方程，这会增加计算成本。与之不同，LBM 是从微观角度出发，采用分子动力学方法对流动进行模拟，LBM 中的流动算子在相空间上是线性的，这个特性是从分子动力学中继承而来的。格子 Boltzmann 方程(LBE)相对简单，宏观量的流体密度、速度可由 LBM 中的粒子分布函数积分得到。而 LBM 中的压力项是采用简单的状态方程就可以计算出来的，LBM 在处理流场计算时还具有边界条件容易设定及程序易并行化等优点。因此，LBM 已在工程实际问题[31-33]、航空应用[34]中发挥重要作用。

尽管 LBM 在模拟流体流动方面的研究较多，但是利用 LBM 预测气动噪声问题还是一个较新的研究课题。Buick 等[35]首次采用 LBM 研究了无黏声传播问题。Dellar[36]则考虑了黏性影响，并得到了满意的结果。通过研究平面声波传播问题，Brés 等[37]讨论了 LBM 的基本声学特性。基于商业软件 PowerFlow，Crouse 等[38]验证了 LBM 模拟基本声学问题的能力(如运动声波、孤立声波)。Najafiyazdi 和 Mongeau[39]将匹配层技术(perfectly matched layer，PML)推广到 LBM 中，处理无反射边界条件。

最近，Marié 等[40]开展了高阶 Navier-Stokes 方法与 LBM 的比较研究工作。Li 等[41]研究格子 Boltzmann 改进的方法，并将它应用到实际问题中。Lew 等[42]运用 LBM 研究了亚声速喷流噪声，并和 LES 计算结果进行比较，研究表明，LBM 模拟低马赫数流动时的计算成本较低。基于 LBM 和波束赋形技术，Adam 等[43]研究了直接噪声源识别技术，并研究了 LBM 模拟湍流噪声的能力。Najafiyazdi 等[44]验证了多块格子 Boltzmann 方法的精度。Satti 等[45]采用大涡模拟与 LBM 结合的方法研究了增升装置的气动噪声及传播问题。Lafitte 和 Perot[46]研究了圆柱涡脱落产生噪声问题，给出了雷诺数及马赫数的影响。Kam 等[47]将无反射边界条件应用到噪声模拟中，并给出各种边界条件的数值精度。

运用 LBM 解决气动声学问题，边界条件的处理[48]尤其重要，不正确的处理会导致计算解的精度降低。研究[49, 50]表明，在边界处，反弹格式实际上仅有 1 阶精度。文献[51]给出了 2 阶无滑移速度边界条件。Chen 等给出了简单的外插格式，它需要在边界外部添加一层虚拟边界节点。外插格式能够保证在整个计算区域具备 2 阶数值精度。结合 Chen 等的外插格式与 Zou 等的非平衡反弹格式[52]，Guo 等[53]提出了非平衡外插格式。

风能是可再生能源中发展最快的清洁能源之一，极具大规模开发和商业化发展的前景，因而，风能的开发利用已受到世界各国的高度重视。随着全球风能的普遍发展，用以产生风能的风力机可能会接近人口密集区域，因而风力机产生的噪声问题已成为风力机设计人员和制造商所面临的挑战。因此，快速、准确地预测风力机产生的噪声是一个重要课题，可以为风力机设计和制造提供可靠的数据支持，从而有助于风力机降噪技术的研究。

风力机产生的气动噪声机理主要分为两大类[64]：①湍流入流噪声，它是风力机叶片和吹向它的湍流相互作用产生的；②风力机叶片翼型自激励产生的噪声，它是由叶片翼型边界层和近尾迹内的气流和翼型本身作用产生的，这些噪声主要源自翼型的后缘，主要包括：ⓐ湍流边界层后缘噪声；ⓑ气流分离失速产生的噪声；ⓒ层流边界层涡脱落产生的噪声；ⓓ叶尖涡形成产生的噪声；ⓔ后缘钝厚度导致涡脱落产生的噪声。针对风力机产生噪声机理，Brooks 等[65]给出了反映风力机叶片翼型自激励噪声的五种半经验关系的数学描述，这些关系是基于 NACA0012 翼型的二维风洞测量数据得到的(叶尖涡形成噪声除外)。在模型中，将二维计算结果作为输入，Lowson[66]研究了模型中所用到的边界层后度。Bareiss 等[67]利用涡格子方法计算整个流场，运用 XFOIL 程序[68]计算当地的边界层参数。Moriarty 等[69]研究一种改进的半经验预测方法，并用于风力机的噪声预估。基于噪声产生机理，Zhu 等[70]研究了半经验预测模型，特别是在翼尖区域采用了一种新的翼尖修正技术，从而更好地提高翼尖涡形成噪声预测的准确性。随着计算机硬件发展，以及计算流体力学和计算气动声学的研究，文献[71]采用求解 N-S 方程和声传播方程的混合方法，用于数值模拟风力机产生的噪声，这种方法的计算成本非常大，目前，它还不能用于低噪声风力机的快速设计。

基于文献[66]中湍流入流噪声的模拟方法，以及文献[65]给出的翼型自激励噪声的数学表达式，本书研究了一种数值预测风力机气动噪声的方法，风力机的气动特性可以由叶素-动量方法确定。充分考虑到气流的风剪切和塔影效应，更准确地计算来流风速，为有效预测湍流入流噪声，在每个叶片截面，单独计算湍流强度和长度尺度。翼型产生噪声模型中的压力面和吸力峰面的边界层参数可以由XFOIL程序计算得到。为验证半经验模型的有效性，将模型应用于300kW风力机的噪声预测，计算的声功率级及总声功率级与实验测量的声功率级进行比较分析。

1.2 本书的主要研究内容

第1章的研究内容：主要为绪论。

第2章的研究内容：针对经典的CAA离散格式进行详细的讨论，如空间离散格式、时间离散格式、声学边界条件的处理、人工耗散和过滤器。对常用的DRP和紧致差分空间离散格式，以及Runge-Kutta时间离散格式进行了推导，并对如何添加人工耗散项与过滤器进行了分析，最后，对不同的声学边界条件进行比较与分析。

第3章的研究内容：研究探讨了非均匀笛卡儿网及曲线网格上的GOUPDRP格式。与GODRP格式相比，本书提出的GOUPDRP格式可用来模拟含有不稳定振荡的声学问题。与均匀网格上的优化迎风格式相比，GOUPDRP格式能够解决一些基于非规则网格上的气动声学问题。

第4章的研究内容：将格子Boltzmann方法应用到气动噪声的计算研究中，完善并研究了格子Boltzmann方法，改进了一种吸收边界条件，将该方法应用到经典声学及复杂气动噪声模拟计算中，验证了它模拟气动噪声传播的能力。

第5章的研究内容：研究了FW-H声比拟方法预测噪声的高级时间方法。对该积分方程及其积分解进行了细致推导。目前，利用这种方法解决实际气动噪声问题时，主要采用延迟时间方法，这种方法需要数值求解延迟时间方程。另外，延迟时间方法需要存储大量时间段的气动数据，然后，再进行数据查找。因而，为提高计算效率，这种方法有待于进一步改进。该章将研究高级时间方法计算

FW-H 的积分解，这种方法恰恰能够克服延迟时间方法的一些缺点，并应用到风力机翼型的噪声计算中。

第 6 章的研究内容：研究了预测风力机气动噪声的半经验模型。首先分析风力机噪声产生的机理，给出了几种噪声预测模型的半经验关系的数学表达式，运用 XFOIL 程序计算翼型噪声模型中的边界层参数。对于风力机叶片的噪声预测，先将叶片非均匀地划分为多个叶素，再对每个叶素上的噪声源进行叠加计算，进而得到风力机全机的声压级和声功率级噪声谱，以及总声压级和总声功率级，其中，叶素当地的气动特性可由叶素-动量方法计算。

1.3　展　　望

(1)将本书中的 GOUPDRP 数值格式应用于复杂问题的研究中，并验证其有效性。

(2)继续研究 LBM 模拟复杂气动噪声问题，特别是复杂外形情况，存在很多问题需要进一步解决。

(3)进一步完善 FW-H 声比拟的高级时间方法研究，将它应用于风力机噪声的预测中。

(4)半经验噪声模型具有快速、有效的特点，进一步运用该模型研究各种参数对风力机噪声的影响。

第 2 章　经典的 CAA 离散格式

解决气动声学问题的过程中经常遇到诸多困难。首先，声压相对于流体静压而言是个极其小的量，而通常声压和周围流体压力是同时进行的，甚至采用同一种网格、同一类差分格式。其次，气动噪声产生的声波一般包含了各类的波长，可求解的波长又受限于差分格式的精度和网格大小。这些特点使得求解气动噪声的问题时，经常采用高阶精度的差分格式。求解声学方程的差分格式，不仅要求精度是高阶的，也要具备低耗散特性，更重要的是能保持低色散特性，即声波经过一定距离的传播后，仍能够保持其初始的波形。图 2-1 中列举了计算声学常见的几类问题。对于一个给定的波长，求解该声波需要的最少网格点数取决于差分格式的精度，通常表达一个完整的波所需要的网格点数不少于 4 个。采用同一种网格，高阶差分格式可求解到更小的波长。图 2-1 中所示计算域的边界通常还会遇到各类反射波，远场边界条件的处理经常关系到计算的收敛性。因此，在远场边界也可以采用吸收层从而达到无反射的条件。此外，计算域中还会存在其他非

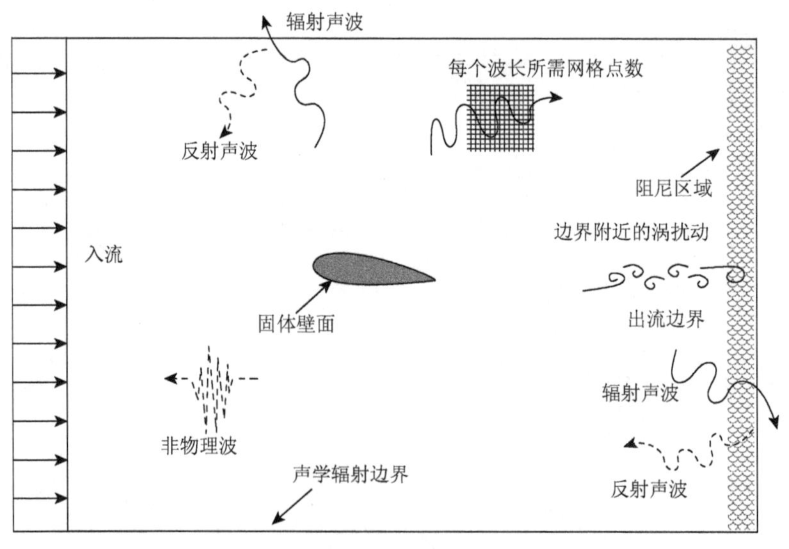

图 2-1　求解气动噪声常见的数值问题

物理性质的高频波，这类波通常伴随着中心差分格式的情况，因而，高阶精度的过滤技术也常常同步应用于数值计算中。

2.1 空间离散格式

在 CAA 的计算中，根据声波的尺度和传播速度，常常需要高密度的网格点和小的时间步长。为了减少 CAA 模拟中每个波长所需要的网格点数，普遍采用高阶精度的差分格式。应用于 CAA 计算的高阶差分格式与传统的差分格式没有形式上的区别，其形式差别只体现在差分格式的系数上，计算结果体现在低色散特性上。在此，仅仅推导两种广泛应用的差分格式：色散关系保持(DRP)格式[102]、紧致格式[103, 104]。

2.1.1 高阶显式格式及其优化

给定一个微小的网格间距 Δx，在 $2N+1$ 个等距网格点上，标准的中心差分格式可以表示为

$$\frac{\partial f}{\partial x}(x) \approx \frac{1}{\Delta x}\sum_{j=-N}^{N} a_j f(x+j\Delta x) \tag{2.1}$$

这一差分格式需要 $2N+1$ 个网格点，其中心位置 $f(x)$ 的导数值为对称两边各点的值之和，关键问题是求解各个系数 a_j。求解的第一步：围绕中心位置 $x=0$，将对称点两边各值进行泰勒级数展开，即两边各有 N 个点需要进行泰勒展开；第二步：根据差分格式精度的阶数需要，忽略泰勒展开后阶数高于 $2N^{\text{th}}$ 的项，对剩余方程组联立求解。图 2-2 为泰勒级数展开的程序实例，运用了 Mathematica 软件编写程序，该例中最高阶数仅可达到 4 阶，所以，泰勒展开最高到 5 阶即可。将展开后的各值相加，期望精度能无限逼近 $f(x)$ 的导数。两者之间的差值称为截断误差(truncation error)，该误差表示当前差分格式的最高精度。图 2-3 中，基于差分格式的对称性，需要求解的系数有两个。针对阶数的提取系数，然后建立方程组可求得系数 a_1 和 a_2。当前的差分格式给出了 4 阶精度，其截断误差的计算结果在图 2-3 中的最后一行显示。

```
▪ Step 1: Taylor expansion

Taylor[X_] := Evaluate[Normal[Series[f[X], {X, 0, 5}]]]

f_{i+2} = Taylor[2 h]
```

$$f[0] + 2 h f'[0] + 2 h^2 f''[0] + \frac{4}{3} h^3 f^{(3)}[0] + \frac{2}{3} h^4 f^{(4)}[0] + \frac{4}{15} h^5 f^{(5)}[0]$$

```
f_{i+1} = Taylor[h]
```

$$f[0] + h f'[0] + \frac{1}{2} h^2 f''[0] + \frac{1}{6} h^3 f^{(3)}[0] + \frac{1}{24} h^4 f^{(4)}[0] + \frac{1}{120} h^5 f^{(5)}[0]$$

```
f_i = Taylor[0]

f[0]

f_{i-1} = Taylor[-h]
```

$$f[0] - h f'[0] + \frac{1}{2} h^2 f''[0] - \frac{1}{6} h^3 f^{(3)}[0] + \frac{1}{24} h^4 f^{(4)}[0] - \frac{1}{120} h^5 f^{(5)}[0]$$

```
f_{i-2} = Taylor[-2 h]
```

$$f[0] - 2 h f'[0] + 2 h^2 f''[0] - \frac{4}{3} h^3 f^{(3)}[0] + \frac{2}{3} h^4 f^{(4)}[0] - \frac{4}{15} h^5 f^{(5)}[0]$$

图 2-2　泰勒级数展开

```
▪ Step 2: Finite Difference Approximation

TE := f'[0] - (a_2 f_{i+2} + a_1 f_{i+1} - a_1 f_{i-1} - a_2 f_{i-2}) / h

rule = {a_0 → 0, a_{-1} → -a_1, a_{-2} → -a_2};

eq01 = Coefficient[TE, f[0]];

eq02 = Coefficient[TE, f'[0]];

eq03 = Coefficient[TE, f''[0]];

eq04 = Coefficient[TE, f^(3)[0]];

eq05 = Coefficient[TE, f^(4)[0]];

eqs4th = {eq02 == 0, eq04 == 0};

relations4th = Solve[eqs4th, {a_1, a_2}]
```

$$\left\{\left\{a_1 \to \frac{2}{3},\ a_2 \to -\frac{1}{12}\right\}\right\}$$

```
Truncation_error = Coefficient[TE, f^(5)[0]]
```

$$-\frac{1}{60} h^4 a_1 - \frac{8 h^4 a_2}{15}$$

图 2-3　系数的求解步骤

对经典有限差分方法的分析，有助于进一步理解 DRP 方法的原理。相对于传统的差分方法，DRP 方法的特点是能够求解更小的波长，换言之，求解同样波长的声波可以减少相应的网格量。下面将详细介绍 DRP 格式中系数的求解过程。

现选取 7 个点计算某函数的导数，传统的有限差分格式可以给出 6 阶的精度。而采用 7 个点的 DRP 格式的精度却降低为 4 阶，但是，它可以达到低色散的效果。7 点-4 阶精度格式可以预留一个自由参数 a_j，这个参数可以用于优化低色散差分格式。对 $f(x)$ 进行傅里叶变换，得到

$$\tilde{f}(\alpha)=\frac{1}{2\pi}\int_{-\infty}^{\infty}f(x)\mathrm{e}^{-\mathrm{i}\alpha x}\mathrm{d}x,\quad f(x)=\int_{-\infty}^{\infty}\tilde{f}(\alpha)\mathrm{e}^{-\mathrm{i}\alpha x}\mathrm{d}\alpha \tag{2.2}$$

将其应用到 $f(x)$ 的导数表达式中可得

$$\mathrm{i}\alpha\tilde{f}\cong\frac{1}{\Delta x}\left(\sum_{-N}^{N}a_j\mathrm{e}^{\mathrm{i}j\alpha\Delta x}\right)\tilde{f} \tag{2.3}$$

方程变形后可得

$$\bar{\alpha}\Delta x\cong-\mathrm{i}\left(\sum_{-N}^{N}a_j\mathrm{e}^{\mathrm{i}j\alpha\Delta x}\right) \tag{2.4}$$

其中，$\mathrm{i}=\sqrt{-1}$；j 为指数。实际上，与传统的有限差分相比，其区别仅仅在于上述方程的表达形式，即数值逼近从物理空间转换到波数空间。方程的左边 $\bar{\alpha}\Delta x$ 表达了模拟波数，它和实际波数之间的差值误差由 E 表示：

$$E=\int_{-\eta}^{\eta}\left|\alpha\Delta x-\bar{\alpha}\Delta x\right|^2\mathrm{d}(\alpha\Delta x) \tag{2.5}$$

其中，η 为积分范围，取 $\eta=\pi/2$ 代表了整个波数范围。假设误差 $E=0$，那么它代表着当前的差分格式可以求解无限小的波长。尽管事实上这个假设不成立，而针对截断误差的优化可以使 E 趋近于 0。前面提到的一个未定自由参数 a_j 是推导 DRP 格式的关键。E 取最小值时式(2.6)成立：

$$\frac{\partial E}{\partial a_j}=0,\quad j\in[-N,N] \tag{2.6}$$

图 2-4 中的求解步骤是对传统有限差分格式的延伸，求解的系数为 a_1、a_2 和 a_3，其中待定系数 a_3 是与截断误差直接关联的系数。图 2-4 中，采用 7 个点求解 4 阶精度所得的 a_1 和 a_2 为 a_3 的函数。整理所得的截断误差 E 的表达式也是 a_3 的函数，令该函数对 a_3 的导数为零，则可求得系数 a_3。

```
■ Step 3: Optimization

TE := f′[0] - (a3 fi+3 + a2 fi+2 + a1 fi+1 - a1 fi-1 - a2 fi-2 - a3 fi-3) / h

rule = {a0 → 0, a-1 → -a1, a-2 → -a2, a-3 → -a3};

... ...

relations4th = Solve[eqs4th, {a1, a2, a3}]
```

$$\left\{\left\{a_1 \to \frac{2}{3} + 5\,a_3,\ a_2 \to -\frac{1}{12} - 4\,a_3\right\}\right\}$$

$$E = \int_{-\frac{\pi}{2}}^{\frac{\pi}{2}} \left(i\,k - \sum_{j=-3}^{3} a_j\, e^{i\,j\,k}\right)^2 dk\ /.\ \text{rule}\ /.\ \text{relations4th}$$

$$\left\{\frac{1}{216}\,(1280 - 231\,\pi - 18\,\pi^3) - \frac{68}{15}\,(-16 + 5\,\pi)\,a_3 + \left(\frac{3584}{15} - 84\,\pi\right) a_3^2\right\}$$

```
solution4th = Solve[∂a3 E == 0, a3]

{a3. → 0.02652}

res = Flatten[relations4th /. solution4th // N]

{a1. → 0.799266, a2. → -0.189413}

Truncation_error = Coefficient[TE, f(5) [0]]
```

$$-\frac{1}{60}\,h^4\,a_1 - \frac{8\,h^4\,a_2}{15} - \frac{81\,h^4\,a_3}{20}$$

图 2-4　DRP 系数优化求解过程

对于不同阶数的格式，图 2-5 给出了数值波数与实际波数的对比曲线，其中，(a) 2 阶有限差分；(b) 4 阶有限差分；(c) 6 阶有限差分；(d) 4 阶 DRP；(e) 6 阶 DRP；(f) 8 阶 DRP；(g) 10 阶 DRP；(h) 12 阶 DRP；(i) 14 阶 DRP。针对 4 阶精度的优化格式，数值波数 $\bar{\alpha}\Delta x$ 在小于 1.5 的范围内都能够和直线 $\bar{\alpha}\Delta x = \alpha\Delta x$ 保持一致。当 $\bar{\alpha}\Delta x$ 大于 1.5 时，数值波数开始偏离实际波数，这样就会产生色散误差。由于波长 $\lambda = 2\pi/\alpha$，再利用关系式 $\bar{\alpha}\Delta x < 1.5$，则得到可分辨的波长限制在 $\lambda > 4.2\Delta x$。为了能够分辨更小的波长，需要减小网格尺度或者采用高阶精度的格式。不同的格式对于分辨短波存在不同的局限性。这里，通过引入新概念即分辨效率进行比较。首先，定义 ε 为误差容限，满足 $\varepsilon \geqslant \dfrac{|\bar{\alpha}\Delta x - \alpha\Delta x|}{\alpha\Delta x}$。每个误差容限分别对应一个数值格式能够求解的较高的数值波数。例如，给定 $\varepsilon = 0.1$，4 阶 DRP 格式能够求解的最大波数为 $\bar{\alpha}\Delta x = 1.717$，见表 2-1。针对图 2-5 中给出的各种格式，表 2-1 列出了不同的分辨效率、不同阶数的格式所对应的数值波数。由表可知，优化格式可以在更大的波数范围内逼近真解；随着精度的提高，格式能够分辨短波(大波数)。

色散误差是根据相速度误差定义的[103]。对于给定的数值波数 $\bar{\alpha}\Delta x$，相速度定义为：$c_p = \bar{\alpha}\Delta x / \alpha\Delta x$。偏微分方程组(PDE)对于所有波数的相速度为 1。因此，$c_p - 1$即为相位误差。图 2-6 给出了有限差分逼近的相速度与实际相速度的对比。与前面的结论类似，优化格式可以在更大波数范围内改进相位误差。

表 2-1　对于给定的误差 ε，最大可求解的波数 $\bar{\alpha}\Delta x$

格式	ε=0.1	ε=0.01	ε=0.001
(a) 2nd FD	0.707	0.243	0.075
(b) 4th FD	1.254	0.743	0.417
(c) 6th FD	1.536	1.089	0.731
(d) 4th DRP	1.717	1.509	1.431
(e) 6th DRP	1.834	1.605	1.481
(f) 8th DRP	1.921	1.695	1.525
(g) 10th DRP	1.990	1.776	1.576
(h) 12th DRP	2.045	1.848	1.629
(i) 14th DRP	2.091	1.913	1.682

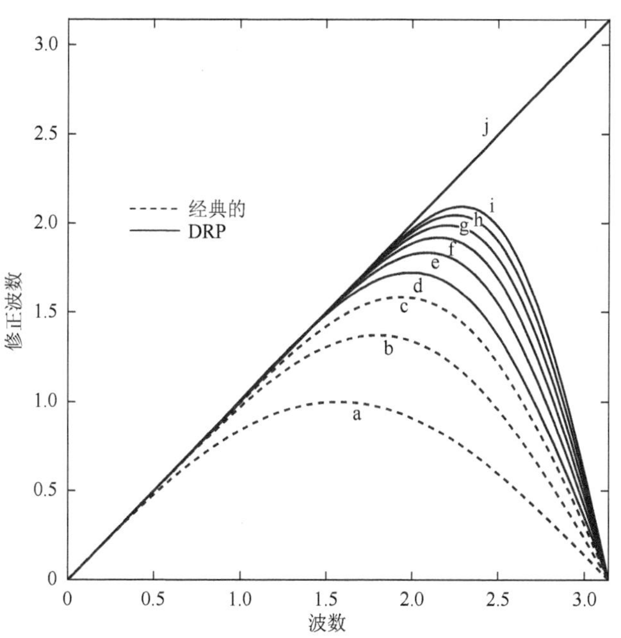

图 2-5　各阶差分格式可求解的波数精度

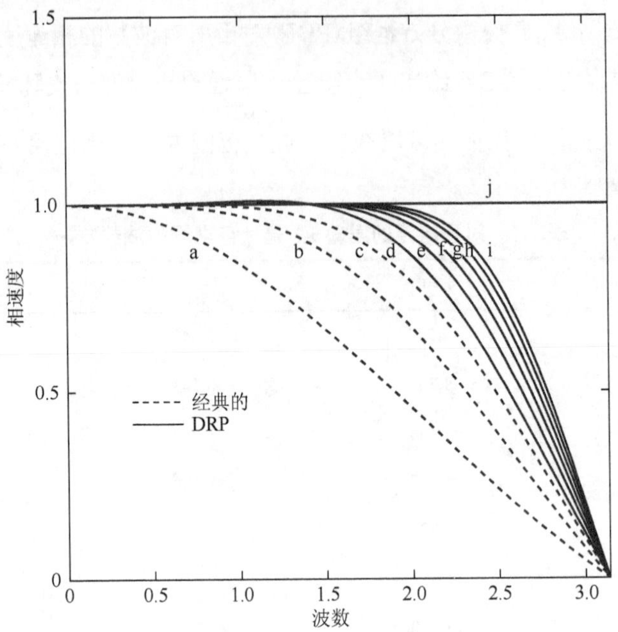

图 2-6　各阶差分格式可求解的相位精度

2.1.2　高阶紧致差分格式及优化

Padé型或紧致有限差分格式与显式有限差分格式的区别在于，首先它采用了隐式表达式来逼近导数，即 f_i' 的求解是以矩阵的形式完成的；另外，紧致格式的优势在于它使用了较少的网格点，而且还具有较小的色散误差。紧致格式的缺点在于较高的计算成本，主要是要求解包含所有导数项的矩阵。下面结合 Tam[3]、Lele[103]以及 Kim 等[104]的研究工作，推导一系列的高阶、标准的优化紧致格式。如式(2.7)所示，方程的左右两边都包含了待定系数。其中，左边为相邻点导数之和，右边为基于网格大小 Δx 的各节点差分。推导该紧致差分格式需要求出 5 个未知系数，该差分格式具有 12 阶精度。

$$\alpha f_{j-1}' + f_j' + \alpha f_{j+1}' = a\frac{f_{i+1}-f_{i-1}}{\Delta x} + b\frac{f_{i+2}-f_{i-2}}{\Delta x} + c\frac{f_{i+3}-f_{i-3}}{\Delta x} + d\frac{f_{i+4}-f_{i-4}}{\Delta x} + e\frac{f_{i+5}-f_{i-5}}{\Delta x} \tag{2.7}$$

为了给出详细的紧致格式系数的推导过程，这里以 6 阶紧致差分格式为例进行分析，如图 2-7 所示，首先对等式两边各项进行泰勒系数展开。需要注意的是方程右边的泰勒系数展开与前述 DRP 格式相同，而左侧是对各 1 阶导数的展开。

所有各项均要展开成为 8 阶的泰勒级数。

图 2-8 给出了各系数求解的步骤。首先，将方程以截断误差的形式表达出来，然后，令该截断误差 6 阶以后的项均为 0，如此可以使得推导出的差分格式满足 6 阶精度的要求。基于对称性，三个方程的联立求解得到需要的三个系数。

■ **Step 1: Taylor Expansion**

```
Taylor[X_] := Evaluate[Normal[Series[f[X], {X, 0, 8}]]]
```

f_{i+5} = Taylor[5 h]

... ...

f_{i-5} = Taylor[-5 h]

```
Taylor01[X_] := Evaluate[Normal[Series[f'[X], {X, 0, 8}]]]
```

f_{i+1}' = Taylor01[h]

f_i' = Taylor01[0]

f_{i-1}' = Taylor01[-h]

$$f'[0]-h f''[0]+\frac{1}{2}h^2 f^{(3)}[0]-\frac{1}{6}h^3 f^{(4)}[0]+\frac{1}{24}h^4 f^{(5)}[0]-\frac{1}{120}h^5 f^{(6)}[0]+\frac{1}{720}h^6 f^{(7)}[0]-\frac{h^7 f^{(8)}[0]}{5040}+\frac{h^8 f^{(9)}[0]}{40320}$$

图 2-7　泰勒展开详解

■ **Step 2: Finite difference approximation**

$$\text{TE} = \alpha f_{i-1}' + f_i' + \alpha f_{i+1}' - \left(a\frac{f_{i+1}-f_{i-1}}{h} + b\frac{f_{i+2}-f_{i-2}}{h}\right)$$

eq02 = Coefficient[TE, $f^{(1)}$[0]]

eq04 = Coefficient[TE, $f^{(3)}$[0]]

eq06 = Coefficient[TE, $f^{(5)}$[0]]

eqns = {eq02 == 0, eq04 == 0, eq06 == 0};

res = Solve[eqns, {α , a, b}]

$$\left\{\left\{\alpha\to\frac{1}{3},\ a\to\frac{7}{9},\ b\to\frac{1}{36}\right\}\right\}$$

Truncation_Error = Coefficient[TE, $f^{(7)}$[0]] /. res

$$\left\{-\frac{h^6}{1260}\right\}$$

图 2-8　系数求解

采用推导 DRP 格式类似的方法，可以对紧致格式进行优化从而更适用于 CAA 的计算。在波数空间对式(2.7)的左右两边进行傅里叶变换：

$$\begin{aligned}(\mathrm{i}\alpha\,\mathrm{e}^{-\mathrm{i}\bar{\omega}\Delta x}+1+\mathrm{i}\alpha\,\mathrm{e}^{\mathrm{i}\bar{\omega}\Delta x})\mathrm{i}\bar{\omega}\Delta x &= a(\mathrm{e}^{\mathrm{i}\omega\Delta x}-\mathrm{e}^{-\mathrm{i}\omega\Delta x})+b(\mathrm{e}^{2\mathrm{i}\omega\Delta x}-\mathrm{e}^{-2\mathrm{i}\omega\Delta x})\\ &\quad +c(\mathrm{e}^{3\mathrm{i}\omega\Delta x}-\mathrm{e}^{-3\mathrm{i}\omega\Delta x})+d(\mathrm{e}^{4\mathrm{i}\omega\Delta x}-\mathrm{e}^{-4\mathrm{i}\omega\Delta x})+e(\mathrm{e}^{5\mathrm{i}\omega\Delta x}-\mathrm{e}^{-5\mathrm{i}\omega\Delta x})\end{aligned} \tag{2.8}$$

其中，$\mathrm{i}=\sqrt{-1}$，为避免混淆用 $\omega\Delta x$ 替换 $\alpha\Delta x$，因为 α 目前是待求系数。通过求解式(2.8)中波数 $\bar{\omega}\Delta x$，方程变形后得到

$$\bar{\omega}\Delta x=\frac{2[a\sin(\omega\Delta x)]+b\sin(2\omega\Delta x)+c\sin(3\omega\Delta x)+d\sin(4\omega\Delta x)+e\sin(5\omega\Delta x)}{1+2\alpha\cos(\omega\Delta x)} \tag{2.9}$$

依据式(2.4)中数值波数的定义，$\omega\Delta x$ 是用来最小化积分误差。紧致有限差分逼近产生的数值波数与实际波数的积分误差形式如下：

$$E=\int_0^{\Gamma\pi}|\omega\Delta x-\bar{\omega}\Delta x|^2 W(\omega\Delta x)\mathrm{d}(\omega\Delta x) \tag{2.10}$$

在式(2.10)中，Γ 取为 0～1 的因子，它决定了优化范围，$W(\omega\Delta x)$ 为加权函数。它的表达式如下：

$$W(\omega\Delta x)=[1+2\alpha\cos(\omega\Delta x)]^2 \tag{2.11}$$

接下来，对标准的紧致格式进行优化。由图 2-8 中的第二步开始，然后，在 a、b 和 α 中找到一个任意自由参数。优化的过程可以参见图 2-9，明显地，对各阶数的泰勒系数进行匹配，发现系数 a 和 α 是 b 的函数。再利用关系式 $\dfrac{\partial E}{\partial b}=0$，就可得到高阶优化的紧致格式，如附录 B 中表 B.2 和表 B.3 所示。

将表 B.2、表 B.3 中的系数代入式(2.9)中，得到图 2-10 所示各种标准的和优化的紧致格式对应的数值波数与实际波数的比较。4 阶精度的优化的显式格式(如 7 点 DRP 格式)是不能求解波数大于 1.5 的情况的。但由图 2-10 可知，4 阶优化的紧致格式具有较好的分辨能力，可以分辨的波数达到 $\bar{\omega}\Delta x=2$。表 2-2 给出了不同的分辨效率对应的不同紧致格式的比较，进一步证明优化的格式能够计算更大范围的波数。

Step 3: Optimization

```
(* The modified wave number ω1 *)

ω1 := 2 (a Sin[w] + b Sin[2 w] + c Sin[3 w] + d Sin[4 w] + e Sin[5 w]) / (1 + 2 α Cos[w])

(* The weighting function W1 *)

W1 := (1 + 2 α Cos[w])^2

TE = α f_{i-1}' + f_i' + α f_{i+1}' - (a (f_{i+1} - f_{i-1})/h + b (f_{i+2} - f_{i-2})/h)

eq02 = Coefficient[TE, f^(1)[0]]

eq04 = Coefficient[TE, f^(3)[0]]

eqns = {eq02 == 0, eq04 == 0};

res = Solve[eqns, {α , a, b}]

{{α → 1/4 + 3 b, a → 3/4 + b}}

term01 = (w - ω1)^2 * W1 /. res

integral = ∫_0^{r*π} term01 dw

differentiate = ∂_b integral

res1 = Solve[differentiate == 0 /. r → 0.75, {b}]

{{b → 0.0440346}}

{{α → 0.382104, a → 0.794035, c → 0, d → 0, e → 0}}
```

图 2-9　优化的紧致差分格式系数求解

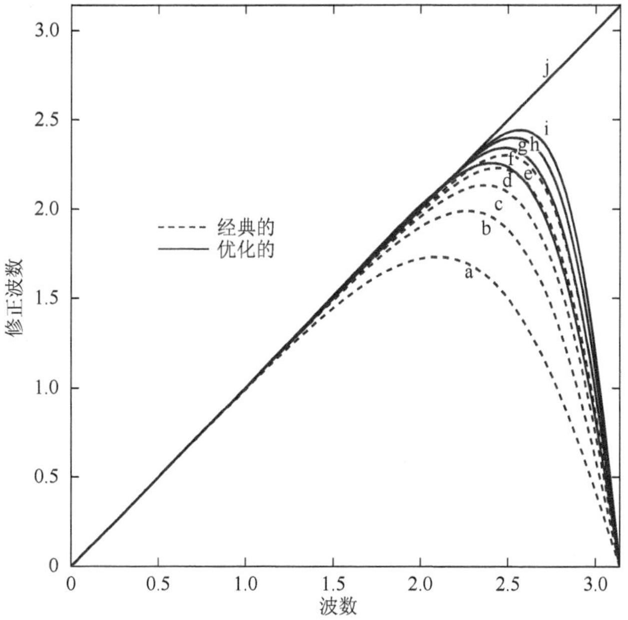

图 2-10　各阶差分格式下可求解的波数精度

表 2-2　对于给定的误差 ε，最大可求解的波数 $\bar{\omega}\Delta x$

格式	ε=0.1	ε=0.01	ε=0.001
(a) 4^{th}(原始)	1.674	1.089	0.628
(b) 6^{th}(原始)	1.983	1.556	1.099
(c) 8^{th}(原始)	2.133	1.805	1.381
(d) 10^{th}(原始)	2.229	1.961	1.601
(e) 12^{th}(原始)	2.297	2.085	1.726
(f) 4^{th}(优化)	2.242	2.181	2.136
(g) 6^{th}(优化)	2.330	2.246	2.170
(h) 8^{th}(优化)	2.380	2.306	2.228
(i) 10^{th}(优化)	2.425	2.364	2.231

图 2-11 给出了不同格式的相位误差，明显地，当格式精度比较高时，求解短波的能力也就越强。毫无疑问，高阶格式具有更好的特性，然而，在精度与计算成本之间找到最佳的平衡，它的意义非常重大。网格点数决定着格式精度与计算时间，因此，高阶格式的使用是取决于具体情况的。

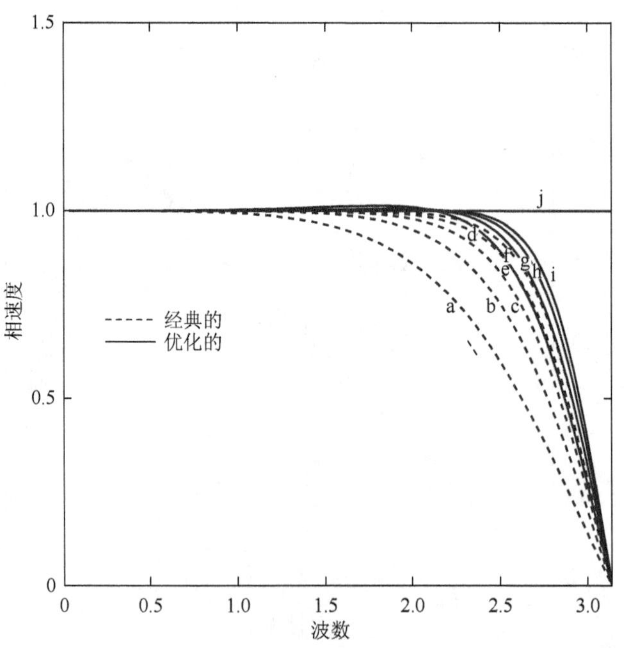

图 2-11　各阶差分格式下可求解的相位精度

如表 2-2 所示，对于一个给定误差 ε，优化的紧致格式对于求解 CAA 问题具有较大的优势。例如，当 ε=0.1 的情况下，4 阶原始的紧致格式可求解的波数为 1.674，4 阶优化的紧致格式可求解的波数为 2.242，两者之间的倍数为 1.34。即可以理解为求解同样的波长时，原始的紧致格式需要的网格大小要比优化的大 1/3 以上。当 ε=0.1 时，4 阶 DRP 可以求解波数为 1.717，可见，紧致格式相比于 DRP 具有更佳的求解精度。

2.1.3　非均匀网格

在数值计算中，网格的拉伸造成的局部、整体网格非均匀分布是很常见的。前面推导的 DRP 和紧致格式都基于均匀网格，而这些差分格式广泛应用于各种非均匀网格的计算中，因此，本节对于非均匀网格下应用这些差分格式进行计算、比较和分析。网格的拉伸和压缩方式多种多样，为方便分析采用比较常用的线性拉伸方法进行讨论。

假定在某处网格大小为 Δx，该处网格节点位置为 x_i，拉伸比为 γ。从该位置网格开始拉伸，拉伸函数为

$$x_{i+1} = x_i + \gamma \Delta x_i \tag{2.12}$$

以 7 点的 DRP 差分格式为例，重复其相关系数的推导过程。详细步骤见图 2-12。在泰勒系数展开的过程中，目标对象是随 γ 变化的函数，因此，展开后的公式相对比较复杂。当给定一个 γ 值后，采用相同的方法将截断误差表示成函数，接着求解方程组获得相应系数。此后，针对优化条件，对多余系数进行求解，最终得到完整的系数。

为了直观地比较非均匀网格带来的误差，图 2-13 将均匀网格的情况和非均匀网格进行比较。图中各曲线对应着不同的阶数和网格拉伸率：(a) 标准的 6 阶有限差分格式，$\gamma=1$ (均匀网格)；(b) 7 点 DRP 格式 $\gamma=1.15$；(c) 7 点 DRP 格式 $\gamma=1.075$；(d) 7 点 DRP 格式 $\gamma=1.025$；(e) 7 点 DRP 格式 $\gamma=1.0$ (均匀网格)；(f) 参考值。比较图中的各曲线，发现当 $\gamma=1.15$ 时，对比曲线 (b)、曲线 (e)，差分精度明显降低，但仍然优于原始的有限差分格式，如曲线 (a)、曲线 (b) 所示。值得指出的是，$\gamma=1.15$ 是非常大的拉伸率，在实际计算中，如翼型

```
• Optimization with grid stretching
  Taylor[X_]:=Evaluate[Normal[Series[f[X],{X,0,6}]]]
  f_i = Taylor[0];                    f_{i+1} = Taylor[ΔX];
  f_{i+2} = Taylor[ΔX(1+γ)];          f_{i+3} = Taylor[ΔX(1+γ)+ΔXγ^2];
  f_{i-1} = Taylor[-ΔX/γ];            f_{i-2} = Taylor[-ΔX/γ-ΔX/γ^2];
  f_{i-3} = Taylor[-ΔX/γ-ΔX/γ^2-ΔX/γ^3];
4th-order(ooo•ooo)7-point
  γ=1.025;(* γ is the stretching rate *)
  TE=f'[0]-(a_3 f_{i+3}+a_2 f_{i+2}+a_1 f_{i+1}-a_1 f_{i-1}-a_2 f_{i-2}-a_3 f_{i-3})/ΔX;
  rule={a_0→0,a_{-1}→-a_1,a_{-2}→-a_2,a_{-3}→-a_3};
  eq01=Coefficient[TE,f'[0]];eq02=Coefficient[TE,f^(3)[0]];
  eqns={eq01==0,eq02==0};
  relations=Solve[eqns,{a_1,a_2,a_3}]
  {{a_1→0.674453+5.03046a_3,a_2→-0.0841142-4.01522a_3}}
  Integral Error=∫_{-π/2}^{π/2}(ⅈk-∑_{j=-3}^{3} a_j e^{ijk})^2 dk/. rule/. relations;
  Differentiate=∂a_3 Integral Error;
  result2=relations/. result1
  {{{a_1→0.791637,a_2→-0.177649}}}
```

图 2-12 DRP 格式在给定某非均匀网格下的推导过程

的 RANS 计算，$\gamma=1.05$ 左右。在 LES 计算中，不但要保证贴壁面的网格密度，还要保持近物体附近网格密度，这样的 γ 值取得更小。对于紧致格式，采用拉伸网格会发现类似的现象，如图 2-14 所示。图中各曲线分别表示为：(a) 标准的 8 阶紧致差分格式，$\gamma=1$（均匀网格）；(b) 6 阶优化紧致差分格式 $\gamma=1.15$；(c) 6 阶优化紧致差分格式 $\gamma=1.075$；(d) 6 阶优化紧致差分格式 $\gamma=1.025$；(e) 6 阶优化紧致差分格式 $\gamma=1.0$（均匀网格）；(f) 参考值。对比曲线 (a)、曲线 (b)，可以看出，即使采用最大拉伸率的网格，优化的 6 阶紧致格式仍然明显优于 8 阶的原始紧致格式。

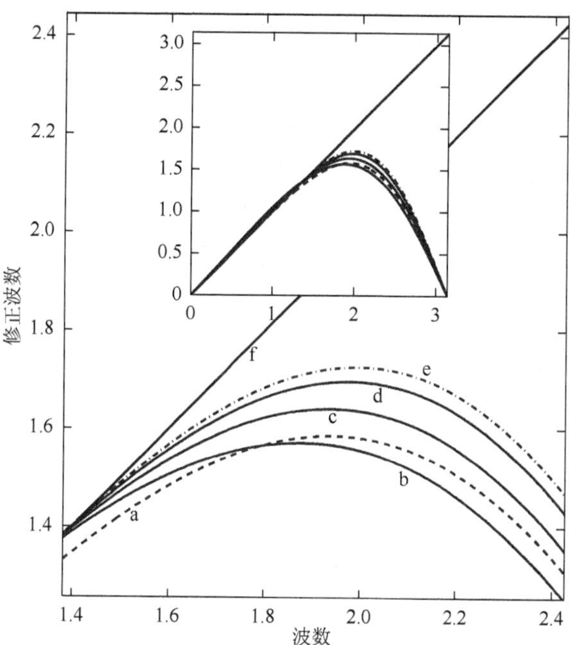

图 2-13　均匀网格和非均匀网格情况下 DRP 差分格式精度的比较

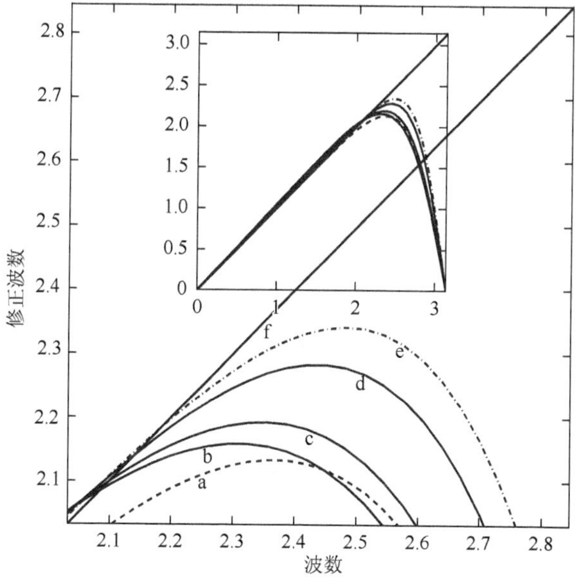

图 2-14　均匀网格和非均匀网格情况下紧致格式精度的比较

2.2 时间离散格式

时间离散格式直接决定着控制方程数值模拟声传播的精度。对计算气动声学来说，一个精确的时间离散格式能够确保长时间积分后获得较好的计算解。在一些情况下，空间、时间离散在逼近目标方程时直接进行，这样的方法很多，如 Warming-Kutler-Lomax 方法、两步 Lax-Wendroff 方法、MacCormack 方法，等等。在这些经典方法中，最常见的格式大多数是低阶精度的，特别是空间离散格式。前面已对空间的高阶精度格式进行了详细的推导，下面推导精确的时间离散格式，并给出半离散形式的方程。

首先，介绍 1 步 DRP 时间离散格式。在 Tam 和 Webb 的文章中[3]，基于空间离散格式的思想，推导了显式时间积分方法。假定，已知变量 f 在时间层 $t = n\Delta t$ 的值，第 $n+1$ 个时间步的值可以由以下 4 步有限差分逼近得到：

$$f_{(n+1)} \approx f_{(n)} + \Delta t \sum_{j=0}^{3} b_j \left(\frac{\mathrm{d}f}{\mathrm{d}t}\right)_{(n-j)} \tag{2.13}$$

式(2.13)完全是显式的，它是基于前面三个时间层的值计算得到的。在 $t=0$ 时，$f_{(0)} = f_{\text{initial}}$，$f_{(-1)}$、$f_{(-2)}$、$f_{(-3)}$ 的初值为 0。系数 b_j 由泰勒系数展开确定，保证式(2.13)的精度为 $(\Delta t)^3$。

匹配泰勒展开的系数并求解整个系统方程，为了下一步的优化，预留一个自由参数。例如，如果 b_0 是自由参数，则系数可以表示为

$$b_1 = -3b_0 + \frac{53}{12}, \quad b_2 = 3b_0 - \frac{16}{3}, \quad b_3 = -b_0 + \frac{23}{12} \tag{2.14}$$

将拉普拉斯变换 $f(t) = \int_0^{\infty} \tilde{f}(\omega)\exp(\mathrm{i}\omega t)\mathrm{d}\omega$ 应用到式(2.13)中，得到

$$\frac{\mathrm{d}\tilde{f}}{\mathrm{d}t} \approx -\mathrm{i}\frac{\mathrm{i}(\mathrm{e}^{-\mathrm{i}\omega\Delta t}-1)}{\Delta t \sum_{j=0}^{3} b_j \mathrm{e}^{\mathrm{i}j\omega\Delta t}}\tilde{f} \tag{2.15}$$

其中，～代表拉普拉斯变换。由于拉普拉斯变换的导数为 $-\mathrm{i}\omega\tilde{f}$，式(2.15)可以写成

$$\bar{\omega} = \mathrm{i}\frac{\mathrm{i}(\mathrm{e}^{-\mathrm{i}\omega\Delta t}-1)}{\Delta t \sum_{j=0}^{3} b_j \mathrm{e}^{\mathrm{i}j\omega\Delta t}} \tag{2.16}$$

其中，$\bar{\omega}$ 为有限差分逼近的有效角频率。

下一步是确定最小积分误差。与其他对称格式不同，误差的实部和虚部都出现在积分方程中。

$$E=\int_{-\eta}^{\eta}\{\sigma[\mathrm{Re}(\bar{\omega}\Delta t-\omega\Delta t)]^2+(1-\sigma)[\mathrm{Im}(\bar{\omega}\Delta t-\omega\Delta t)]^2\}\mathrm{d}(\omega\Delta t) \tag{2.17}$$

设定积分范围 $\eta=0.5$，权系数 $\sigma=0.36$，令方程 $\partial E/\partial b_0=0$，则可以得到 $b_0=2.30255809$，这样，就可以得到式(2.14)的所有系数。

计算气动声学方法中常用的另一种时间积分方法是 Runge-Kutta(RK) 格式，它是由 Runge 在 1895 年提出的，随后，Kutta 在 1901 年进一步发展了该方法。由于这种方法是高精度的，以至于目前仍然受到很多的关注。考虑时间导数 $\partial f/\partial t=R(f)$，从时间 t_n 到 $t_n+\Delta t$ 的 p 阶 RK 格式可以写成

$$f_{(0)}=f_{(n)} \tag{2.18}$$

$$f_{(l)}=f_{(n)}+\alpha_l\Delta tR[f_{(l-1)}],\quad l=1,\cdots,p \tag{2.19}$$

$$f_{(n+1)}=f_{(p)} \tag{2.20}$$

通过 $f(t_n+\Delta t)$ 的泰勒级数展开，可以得到标准的 p 阶 RK 格式，为更好地理解该方法，下面给出 2 阶 RK 格式的推导过程。

假定 $f_{(n+1)}$ 代表时间 $t_n+\Delta t$ 的 f 值，$f_{(n+1)}$ 的泰勒级数展开得到

$$f_{(n+1)}=f_{(n)}+hf_n'+\frac{1}{2}h^2f_{(n)}''+\cdots+\frac{1}{q!}h^qf_{(n)}^{(q)}+O(h^{q+1}) \tag{2.21}$$

由于 $f'=\dfrac{\partial f}{\partial t}=R(f)$，式(2.21)等价于

$$f_{(n+1)}=f_{(n)}+hR_{(n)}+\frac{1}{2}h^2R_{(n)}'+\cdots+\frac{1}{q!}h^qR_{(n)}^{(q-1)}+O(h^{q+1}) \tag{2.22}$$

为推导 2 阶 RK 格式，式(2.22)的截断误差应为 3 阶，然后得到

$$f_{(n+1)}=f_{(n)}+hR_{(n)}+\frac{1}{2}h^2R_{(n)}'+O(h^3) \tag{2.23}$$

注意 R 是 t 和 f 的函数，则 R 的时间导数为

$$R_{(n)}'=\left(\frac{\partial R}{\partial t}\right)_{(n)}+\left(\frac{\partial R}{\partial f}\right)_{(n)}\left(\frac{\partial f}{\partial t}\right)_{(n)}=\left(\frac{\partial R}{\partial t}\right)_{(n)}+\left(\frac{\partial R}{\partial f}\right)_{(n)}R_{(n)} \tag{2.24}$$

将式(2.24)代入式(2.23)中得到 $f_{(n+1)}$ 的泰勒系数展开：

$$f_{(n+1)}=f_{(n)}+hR_{(n)}+\frac{1}{2}h^2\left[\left(\frac{\partial R}{\partial t}\right)_{(n)}+\left(\frac{\partial R}{\partial f}\right)_{(n)}R_{(n)}\right]+O(h^3) \tag{2.25}$$

2 步 RK 方法可以写成

$$f_{(n+1)} = f_{(n)} + h(\omega_1 k_1 + \omega_2 k_2) \tag{2.26}$$

其中，ω_1、ω_2 是未知系数，k_1、k_2 的表达式如下：

$$k_1 = R(t_{(n)}, f_{(n)}) \tag{2.27}$$

$$k_2 = R(t_{(n)} + \alpha h, f_{(n)} + \beta h k_1) \tag{2.28}$$

为了确定四个未知量 ω_1、ω_2、α 和 β，首先要对 k_2 进行如下展开：

$$\begin{aligned} k_2 &= R(t_{(n)} + \alpha h, f_{(n)} + \beta h k_1) \\ &= R(t_{(n)}, f_{(n)} + \beta h k_1) + \alpha h \frac{\partial}{\partial t} R(t_{(n)}, f_{(n)} + \beta h k_1) + O(h^2) \\ &= R_{(n)} + \alpha h \left(\frac{\partial R}{\partial t} \right)_{(n)} + \beta h \left(\frac{\partial R}{\partial f} \right)_{(n)} R_{(n)} + O(h^2) \end{aligned} \tag{2.29}$$

将式(2.27)和式(2.28)代入式(2.26)，最终得到 2 步 RK 逼近：

$$f_{(n+1)} = f_{(n)} + (\omega_1 + \omega_2) h R_{(n)} + \omega_2 h^2 \left[\alpha \left(\frac{\partial R}{\partial t} \right)_{(n)} + \beta \left(\frac{\partial R}{\partial f} \right)_{(n)} R_{(n)} \right] + O(h^3) \tag{2.30}$$

通过比较式(2.30)和式(2.25)的泰勒展开，不难发现以下关系式：

$$\begin{cases} \omega_1 + \omega_2 = 1 \\ \alpha \omega_2 = 0.5 \\ \beta \omega_2 = 0.5 \end{cases} \tag{2.31}$$

显然，式(2.31)是不封闭的，因为此方程组中有四个未知量，而仅有三个方程。理论上，已知其中一个未知量，就可以求出另外三个未知量，但也存在较坏的情况，例如，如果 ω_2 为零，那么 2 步 RK 格式就退化为 1 阶欧拉前插方法。

由于 RK 时间离散方法会导致色散和耗散误差，有必要对它进行优化。与经典 RK 格式相比，优化通常会降低精度的形式阶数。但是，从波在更广泛的频率范围内传播来看，这种优化方法又是比较精确的，因为它能使声波在长时间的传播后保持更真实的波形。时间离散格式与空间离散格式的优化过程类似，这种优化在推导 DRP 时间离散格式时遇到过。采用最小化数值误差的方法，Hu 等[14]优化了 4、5、6 步 RK 格式。Bogey 等[105]，以及 Berland 等[106]也做出了一些类似的优化研究。如果要得到 5 阶精度以上的 RK 格式，就需要更多的迭代步数，因而会增加计算量，通常，4 阶 RK 时间离散格式是使用最多的方法。

为确保时间积分是稳定的，需要精心选择时间步长。对于经典 RK 格式，最大的时间步长是由 $R(f)$ 的特征值确定的。如果采用中心有限差分空间离散方法，将忽略边界格式的影响，最大的时间步长与 CFL 条件有关：

$$\mathrm{CFL}=\frac{c_0\Delta t}{h}<\frac{c_1}{K_{\max}} \tag{2.32}$$

其中，c_0 为给定介质中的声速；c_1 是由 RK 格式确定的常数；$K_{\max}$ 为给定有限差分格式的最大有效波数。针对 3、4 步 RK 格式，常数 c_1 分别取为 1.73[14]、2.83[107]。有限差分格式的最大可分辨的波数 $K_{\max}$ 已分别在表 2-1、表 2-2 中给出，其中，表 2-1 为 DRP 格式，表 2-2 为优化的紧致格式。因此，CFL 条件数很容易计算得到。考虑 3 步和 4 步 RK 时间格式，并结合 DRP 格式与紧致格式中 $K_{\max}$ 数，CFL 条件数可以通过矩阵形式给出。显式格式见表 2-3，其中，(a) 2 阶有限差分；(b) 4 阶有限差分；(c) 6 阶有限差分；(d) 4 阶 DRP；(e) 6 阶 DRP；(f) 8 阶 DRP；(g) 10 阶 DRP；(h) 12 阶 DRP；(i) 14 阶 DRP。紧致格式见表 2-4，其中，(a) 4 阶紧致格式；(b) 6 阶紧致格式；(c) 8 阶紧致格式；(d) 10 阶紧致格式；(e) 12 阶紧致格式；(f) 4 阶优化的紧致格式；(g) 6 阶优化的紧致格式；(h) 8 阶优化的紧致格式；(i) 10 阶优化的紧致格式。从表中给出的 CFL 条件数可以看到，有限差分格式的精度越高，所需要的时间步长就越小。一般地，紧致格式的时间步长(表 2-4)要比显式格式(表 2-3)更受限制。

表 2-3　CFL 条件数(显式格式)

显式格式	RK3			RK4		
	ε=0.1	ε=0.01	ε=0.001	ε=0.1	ε=0.01	ε=0.001
(a)	2.45	7.12	23.07	4.00	11.65	37.73
(b)	1.38	2.33	4.15	2.26	3.81	6.79
(c)	1.13	1.59	2.37	1.84	2.60	3.87
(d)	1.01	1.15	1.21	1.65	1.88	1.98
(e)	0.94	1.08	1.17	1.54	1.76	1.91
(f)	0.90	1.02	1.13	1.47	1.67	1.86
(g)	0.87	0.97	1.10	1.42	1.59	1.80
(h)	0.85	0.94	1.06	1.38	1.53	1.74
(i)	0.83	0.90	1.03	1.35	1.48	1.68

表 2-4 CFL 条件数(紧致格式)

紧致格式	RK3			RK4		
	ε=0.1	ε=0.01	ε=0.001	ε=0.1	ε=0.01	ε=0.001
(a)	1.03	1.59	2.75	1.09	1.68	2.91
(b)	0.87	1.11	1.57	0.92	1.18	1.67
(c)	0.81	0.96	1.25	0.86	1.01	1.33
(d)	0.78	0.88	1.08	0.82	0.93	1.14
(e)	0.75	0.83	1.00	0.80	0.88	1.06
(f)	0.77	0.79	0.81	0.82	0.84	0.86
(g)	0.74	0.77	0.80	0.79	0.81	0.84
(h)	0.73	0.75	0.78	0.77	0.79	0.82
(i)	0.71	0.73	0.77	0.75	0.77	0.82

下面简单介绍一下 Tam 和 Webb 的时间离散格式的 CFL 条件的局限性。弄清 DRP 时间离散方法的时间步长限制非常重要，这是因为，每个时间层它仅仅进行一次变量的计算，比较有效。Tam 和 Webb 在文献[3]研究了四层时间格式的 CFL 条件标准，以及 7 点 DRP 空间离散格式，时间步长的标准为

$$\Delta t = \frac{\Omega}{1.75\{M+[1+(\Delta x/\Delta y)^2]^{1/2}\}}\frac{\Delta x}{c_0} \tag{2.33}$$

当分母 $1.75\{M+[1+(\Delta x/\Delta y)^2]^{1/2}\}=1.75$ 时，Δt 可以取得最大值。Ω 的最大值为 0.4(由文献[3]给出)，因而 DRP 格式的 CFL 条件值上限可以达到 0.23。如果采用 4 步 RK 时间格式和 7 点 DRP 空间离散格式，CFL 的最大值可以在表 2-3 中查到。例如，若设定 $\varepsilon=\frac{|\bar{\alpha}\Delta x-\alpha\Delta x|}{\alpha\Delta x}=0.1$，查找 7 点 DRP 格式，然后得到 CFL=1.65。从这个角度看，1 步 DRP 时间格式要比 4 步 RK 方法的计算成本高。

2.3 数值过滤和人工耗散

在流体力学和气动声学的数值模拟中，经常会遇到数值振荡，它是非物理解。这些非物理振荡直接影响数值收敛，会导致计算模拟失败。理论上，中心有限差分格式是非耗散的，会产生高频的非物理解。为了过滤这些非物理波，通常采用

过滤技术或添加人工耗散技术。高阶过滤技术也可以用到气动声学模拟之中，以便防止成千上万次迭代后物理波产生的额外耗散。下面将要讨论高阶过滤格式的影响。

2.3.1　显式过滤器

人工阻尼项的添加一般依赖于波数，以至于仅有短波被阻尼掉。在气动声学模拟时，时间相关的物理量信号常常需要记录下来，以便分析给定接收位置的声压谱。过滤格式不能抹去经过长时间数值模拟以后的时间相关变量。因此，高阶精度的过滤格式可以实现这个目标。

对于包含 $2N+1$ 个点的中心过滤格式，方程可以写为

$$u_f(x_0)=u(x_0)-\sigma D(x_0) \tag{2.34}$$

其中

$$D(x_0)=\sum_{j=-N}^{N} d_j u(x_0+j\Delta x) \tag{2.35}$$

其中，u_f 为过滤值；u 为上一个时间层的值；$d_j=d_{-j}$；σ 为阻尼系数，$0<\sigma<1$。为确定高阶显式过滤格式的系数，可以将式(2.25)的泰勒系数展开与过滤格式中的系数进行匹配[108]。基于标准的中心显式高阶过滤及 Tam 和 Webb 的优化策略，Bogey 等[105]给出了一系列的优化过滤器。表 B.6 给出了优化后的显式过滤格式系数。在边界处，Berland 等[109]提供了 7 点、11 点的非中心型高阶优化格式，研究表明，与中心型过滤格式相比，非中心型过滤格式能够更好处理边界反射问题。

下面举例说明过滤格式的影响。考虑高斯型函数，如式(2.36)所示，通过这个方程定义两种类型的波：短波（$b_1=2$）和长波（$b_2=10$）。假定初始位置 $x_1=50$，$x_2=150$，将显式 2 阶、12 阶过滤格式应用于这两种波的模拟。

$$u=\exp[-(\ln 2)(x-x_1)^2/b_1^2]+\exp[-(\ln 2)(x-x_2)^2/b_2^2] \tag{2.36}$$

图 2-15 所示为经过 1000 次的时间迭代以后得到的过滤解。12 阶过滤格式得到的解几乎和真解一样；4 阶过滤格式对长波的影响比较小，但对短波起到阻尼作

用，使得短波的振幅减小 30%；然而，2 阶过滤格式对长波、短波都有一定的阻尼作用。

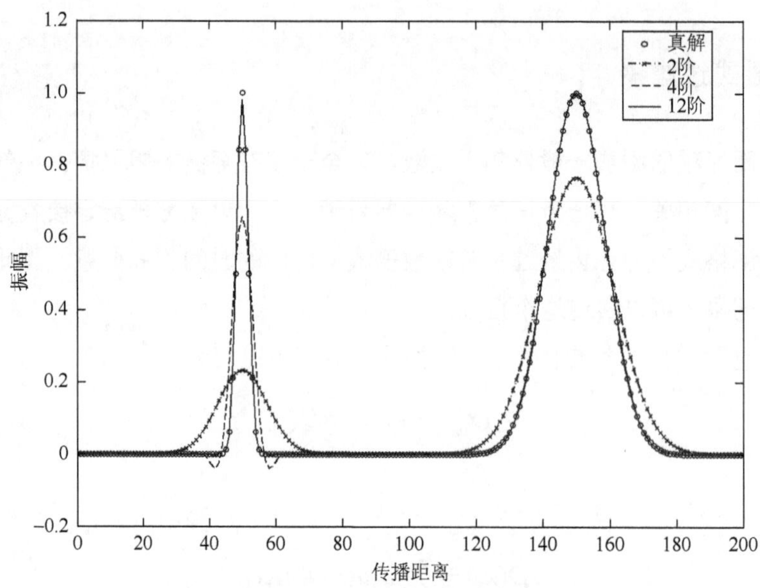

图 2-15　过滤格式的影响

2.3.2　隐式过滤技术

Lele[103]给出了紧致有限差分过滤器的标准方程，即五对角过滤格式。Visbal 和 Gaitonde[110]提出了基于三对角 Padé型方程的紧致过滤格式。

$$\alpha_f \tilde{f}_{j-1} + \tilde{f}_j + \alpha_f \tilde{f}_{j+1} = \sum_{n=0}^{N} \frac{a_n}{2}(f_{j+n} + f_{j-n}) \tag{2.37}$$

其中，$\tilde{f}$ 为过滤后的值；α_f 为自由参数；α_n 是确定格式精度的系数。这些紧致型过滤器的数值精度为 4、6、8、10 阶时所对应的系数。见附录表 B.7。采用 Padé 型的空间离散方程和过滤器，Visbal 和 Gaitonde[110, 12]进行了一些数值实验，计算在拉伸的网格上实施，高阶过滤技术成功地消除了高频振荡。针对边界上的节点，Gaitonde 和 Visbal[111]研究了高阶精度的非中心型的紧致过滤格式，并保持了过滤器的三对角形式。边界处过滤器的方程如下：

$$\alpha_f \tilde{f}_{j-1} + \tilde{f}_j + \alpha_f \tilde{f}_{j+1} = \sum_{n=0}^{N} a_n f_n \tag{2.38}$$

采用区域分裂策略，在曲线网格上进行了大量的定常、非定常，黏性、非黏性流场计算，验证了边界过滤格式的精度。

2.3.3　人工阻尼区域

另一种技术即阻尼区域(海绵区域)，常常用于配合高阶过滤格式。在声学模拟时，这种技术经常用在远场边界处，以便减少波的反射。数值模拟中常常遇到湍流结构的振幅在出口边界处比较大(图 2-1)，其原因是，计算区域不足够大，或者出口边界处的网格密度不足够密集以至于数值耗散掉小的湍流结构。数值误差常常出现在计算区域的出口边界处，因此，在此可以设定一个海绵区域，对传播到这里的波进行耗散处理。Bogey 和 Bailly[112]给出了这类阻尼区域，其表达式为

$$f_i = f_i - \alpha \left[\frac{x(i) - x_1}{x_2 - x_1} \right]^{\beta} [3 d_0 f_i + d_1 (f_{i+1} + f_{i-1})] \tag{2.39}$$

其中，α 为过滤器的振幅；β 为介于 1～2 的值；$d_0 = 0.5$；$d_1 = -0.25$。海绵区域的长度为 $x_1 \leqslant x \leqslant x_2$。第二种类型的阻尼函数是由 Israeli 等[113]及 Adams[114]提出的：

$$f_i = f_i - \sigma(i) f_i \tag{2.40}$$

$$\sigma(i) = A_s (N_s + 1)(N_s + 2) \frac{[x(i) - x_1]^{N_s} [x_2 - x(i)]}{(x_2 - x_1)^{N_s + 2}} \tag{2.41}$$

其中，海绵区域定义为 $x_1 \leqslant x \leqslant x_2$；$A_s$、$N_s$ 为修正参数，如 $A_s = 4$，$N_s=3$。

为了突显海绵区域的作用，首先研究一个正弦波在这个区域内的传播特性。海绵区域如图 2-16 所示，其长度约为整个区域的 1/3。将上面提到的两种类型的阻尼方法应用到计算中，分别标记为滤波 1、滤波 2。两个阻尼函数在海绵区域内都有效地吸收了波，尤其是过滤与非过滤区域的交界处仍保持着较好的光滑过渡。

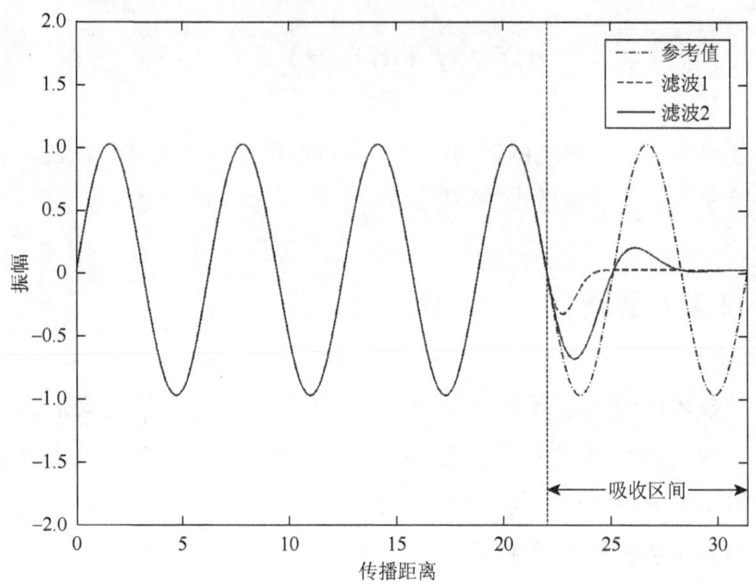

图 2-16　远场边界人工阻尼的影响

2.4　声学边界条件

边界条件在 CAA 计算模拟中起着重要作用。在计算区域边界处的反射波会传播到区域内，并和其他的物理波相互作用，一直到它被耗散掉。因此，研究稳定的、精确的边界条件非常重要。下面将分别研究固体边界条件和远场边界条件，重点讨论声学辐射边界条件和出流边界条件。

2.4.1　固体壁面边界条件

下面介绍几种处理壁面边界条件的方法，并通过数值计算验证它们的稳定性。在研究这类边界条件时，常常遇到的困难在于如何给定计算区域外部虚拟节点的值。

Tam 和 Webb 研究的 DRP 格式提供了构造高阶精度边界格式的方法。采用最小数目的虚拟点值，Tam 和 Dong[48]研究了一系列的壁面边界条件。这些虚拟点的值常通过外插、内点的镜像以及其他物理条件等计算得到。Tam 和 Dong 的思想是基于壁面内的一个虚拟点值，采用后插格式计算壁面的法向导数。图 2-17 给出了壁面附近节点的分布，x=0 为壁面，7 点 DRP 格式用来计算导数 $\partial/\partial x$、$\partial/\partial y$。假定 u、v 分别为 x、y 方向的速度，壁面 x=0 处的法向速度 u=0。在 Tam 和 Dong 的研究中，条件 u=0 隐含着用来计算壁面内虚拟点处的压强值。壁面附近所有的法向导数通过非中心型 DRP 格式计算(表 B.4)。采用区域内节点的值计算 $\partial u/\partial x$、$\partial v/\partial x$ 与 $\partial \rho/\partial x$，壁面内的虚拟点值用来计算 $\partial p/\partial x$。

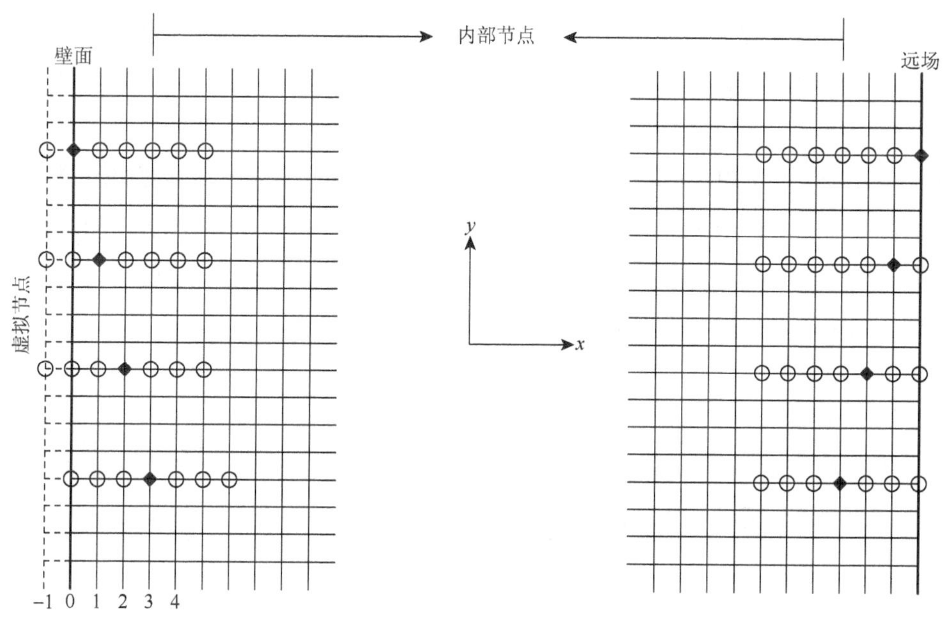

图 2-17　内部节点、壁面及远场区域的节点分布

在壁面附近区域采用非中心型的紧致边界格式。壁面处的 u 速度设置为 0，压强、密度及切向速度部分采用外插格式。壁面处这些物理量的法向导数采用高精度的非中心型紧致格式计算。这种类型的壁面边界处理可以参考 Visbal 等的声散射问题的研究。为了实现低色散误差，可以采用优化的非中心型紧致格式计算[115]。

Djambazov 等[116]给出了另一种壁面边界条件，数值模拟中采用贴体交错网格。对于无黏问题，固体壁面看做对称表面，因此，法向速度为 0，压强的法向导数及其他速度的法向导数都为 0。结合壁面内的一些虚拟节点，将中心有限差分格式应用在壁面上。虚拟节点的值通过以下方式计算：①压强与速度值采用流体内的值镜像得到；②法向速度采用流体内的反对称值计算。这种方法对于交错网格非常方便，因为同样的差分格式可以在整个计算区域内直接实现数值离散。然而，与内部区域的计算精度相比，这种方法在壁面处不能保持同样的高阶精度，主要是由于镜像方法本身是非物理的模型。

2.4.2 声学远场边界条件

由于数值计算区域是有限的，在远场边界处必须提供合适的边界条件。为了研究无反射边界，结合物理模型与数学逼近，推导了入流/出流边界条件。下面介绍三类入流/出流边界条件。第一类远场边界条件为特征边界条件，它是由Thompson[117, 118]提出的。第二类远场边界条件是将渐近解应用到外部问题，并假定边界位于远离声源的地方，这类辐射边界条件是由 Bayliss 等[119]提出的。第三类远场边界条件是完美匹配层(PML)边界条件，是由 Hu[15, 120]提出的，为最小化出口处的波反射，需要在缓冲区域求解 PML 方程。

1. 特征边界条件

特征边界条件是计算流体力学中常用的边界处理方法。这种方法是基于将双曲方程分解成不同的波模态。首先介绍 Thompson 的方法，为了区分远场边界处的波传播方向，Thompson 针对一维欧拉方程进行了分析。采用非中心型格式(图 2-17)，由计算区域内的值确定输出波的振幅。对于无反射情况，入射波的振幅设置为 0。考虑圆柱坐标系下的非线性欧拉方程，验证 Thompson 的方法。

$$\frac{\partial Q}{\partial t}+A\frac{\partial Q}{\partial r}+B\frac{\partial Q}{\partial x}+C=0 \tag{2.42}$$

其中，$Q=[\rho,u,v,p]'$ 是原始变量；矩阵 A、B、C 的表达式如下：

$$A=\begin{bmatrix} v & 0 & \rho & 0 \\ 0 & v & 0 & 0 \\ 0 & 0 & v & 1/\rho \\ 0 & 0 & \gamma p & v \end{bmatrix},\quad B=\begin{bmatrix} u & \rho & 0 & 0 \\ 0 & u & 0 & 1/\rho \\ 0 & 0 & u & 0 \\ 0 & \gamma p & 0 & u \end{bmatrix},\quad C=\begin{bmatrix} \dfrac{\rho v}{r} \\ 0 \\ 0 \\ \dfrac{\gamma p v}{r} \end{bmatrix} \tag{2.43}$$

对于沿着 x 轴方向的边界，式(2.43)简化为

$$\frac{\partial Q}{\partial t}+B\frac{\partial Q}{\partial x}+K=0 \tag{2.44}$$

其中，径向的导数与源项 C 合起来，用 K 表示。矩阵 B 满足 $SBS^{-1}=\Lambda$，对角阵 Λ 为 $\Lambda=\mathrm{diag}(u-1,1,u+1)$。将其应用到式(2.44)中，得到

$$S\frac{\partial Q}{\partial t}+L_i+SK=0 \tag{2.45}$$

其中

$$L_i=\begin{cases}\Lambda S\dfrac{\partial Q}{\partial x}, & \text{对于输出波}\\ 0, & \text{对于入射波}\end{cases} \tag{2.46}$$

为了理解这些特征波 L_i，式(2.45)可以展开为

$$\frac{\partial p}{\partial t}-\rho c_0\frac{\partial u}{\partial t}=-L_1-K_4+\rho c_0 K_2=R_1 \tag{2.47}$$

$$c_0^2\frac{\partial \rho}{\partial t}-\frac{\partial p}{\partial t}=-L_2-c_0^2K_1+K_4=R_2 \tag{2.48}$$

$$\frac{\partial v}{\partial t}=-L_3-K_2=R_3 \tag{2.49}$$

$$\frac{\partial p}{\partial t}+\rho c_0\frac{\partial u}{\partial t}=-L_4-K_4-\rho c_0 K_2=R_4 \tag{2.50}$$

时间导数 $\left[\dfrac{\partial \rho}{\partial t},\dfrac{\partial u}{\partial t},\dfrac{\partial v}{\partial t},\dfrac{\partial p}{\partial t}\right]$ 可以由下列公式计算：

$$\frac{\partial \rho}{\partial t}=\frac{1}{c_0^2}\left[\frac{1}{2}(R_1+R_4)+R_2\right] \tag{2.51}$$

$$\frac{\partial u}{\partial t}=\frac{1}{2}\rho c_0(R_4-R_1) \tag{2.52}$$

$$\frac{\partial v}{\partial t}=R_3 \tag{2.53}$$

$$\frac{\partial p}{\partial t}=\frac{1}{2}(R_1+R_4) \tag{2.54}$$

边界点的数据更新需要用到以上时间导数。对于径向方向，计算需要重复以上同样的过程。如果 L_1 波是入射波（$u-c<0$），L_2、L_3、L_4 是输出波，那么，这些波的振幅可以由以下公式表示[83, 84]：

$$L_1=0 \tag{2.55}$$

$$L_2=u\left(c_0^2\frac{\partial \rho}{\partial x}-\frac{\partial p}{\partial x}\right) \tag{2.56}$$

$$L_3 = u\frac{\partial v}{\partial x} \tag{2.57}$$

$$L_4 = (u+c_0)\left(\frac{\partial p}{\partial x} + c_0\rho\frac{\partial u}{\partial x}\right) \tag{2.58}$$

Thompson 的方法本质上是一维的，特别适用于流体垂直于外边界的情况。Giles[121]对 Thompson 方法进行了改进。第一步，沿着边界方向，Giles 方法在空间上进行傅里叶分析，在时间上进行拉普拉斯变换。第二步是将时、空转换后的系统分解成入射波和输出波。最后一步是将转换后的边界方程逆转换到实空间，并确定特征波 L_i。Kim 和 Lee 进行了类似的改进，即在入口边界，为了保持均匀流速，提出软入流边界条件。同时，采用高阶紧致格式，对绕圆柱的流场、声场进行数值模拟，验证了改进后的边界条件。

2. 辐射和出流边界条件

第二类边界条件是基于线性化欧拉方程的特征分析。在 Tam 和 Webb[3]的研究中，对于二维扰动，将线性化欧拉方程进行傅里叶变换和拉普拉斯变换。变换后的方程分解成熵波(仅包含密度脉动，$u=v=0$)、涡波(仅包含速度脉动，$p=\rho=0$)、声波(包含所有的物理变量)。在入流边界处，仅存在输出的声波，其边界条件可以写成

$$\left[\frac{1}{V(\theta)}\frac{\partial}{\partial t}+\frac{\partial}{\partial r}+\frac{1}{2r}\right]\begin{bmatrix}\rho\\u\\v\\p\end{bmatrix}=0+O(r^{-5/2}) \tag{2.59}$$

其中，$V(\theta)=c_0\left\{M\cos(\theta-\varphi)+[1-M^2\sin^2(\theta-\varphi)]^{\frac{1}{2}}\right\}$；$M=\dfrac{\sqrt{u_0^2+v_0^2}}{c_0}$；$c_0=\sqrt{\gamma p_0/\rho_0}$ 是声速；φ 为均匀流角。边界条件的精度是与计算区域径向长度成比例的。在笛卡儿坐标系下，入流边界的方程为

$$\frac{1}{V(\theta)}\frac{\partial\rho}{\partial t}+\cos\theta\frac{\partial\rho}{\partial x}+\sin\theta\frac{\partial\rho}{\partial y}+\frac{\rho}{2r}=0 \tag{2.60}$$

$$\frac{1}{V(\theta)}\frac{\partial u}{\partial t}+\cos\theta\frac{\partial u}{\partial x}+\sin\theta\frac{\partial u}{\partial y}+\frac{u}{2r}=0 \tag{2.61}$$

$$\frac{1}{V(\theta)}\frac{\partial v}{\partial t}+\cos\theta\frac{\partial v}{\partial x}+\sin\theta\frac{\partial v}{\partial y}+\frac{v}{2r}=0 \tag{2.62}$$

$$\frac{1}{V(\theta)}\frac{\partial p}{\partial t}+\cos\theta\frac{\partial p}{\partial x}+\sin\theta\frac{\partial p}{\partial y}+\frac{p}{2r}=0 \tag{2.63}$$

由于出流边界处的输出扰动包含声波、熵波、涡波，故需要对式(2.60)～式(2.63)进行修正。明显地，总的压力脉动仅来自于声扰动，这样，出流边界处的压力与辐射边界条件中的相同。出流边界条件对应的方程表达式如下：

$$\frac{\partial \rho}{\partial t}+u_0\frac{\partial \rho}{\partial x}+v_0\frac{\partial \rho}{\partial y}=\frac{1}{c_0^2}\left(\frac{\partial p}{\partial t}+u_0\frac{\partial p}{\partial x}+v_0\frac{\partial p}{\partial y}\right) \tag{2.64}$$

$$\frac{\partial u}{\partial t}+u_0\frac{\partial u}{\partial x}+v_0\frac{\partial u}{\partial y}=-\frac{1}{\rho_0}\frac{\partial p}{\partial x} \tag{2.65}$$

$$\frac{\partial v}{\partial t}+u_0\frac{\partial v}{\partial x}+v_0\frac{\partial v}{\partial y}=-\frac{1}{\rho_0}\frac{\partial p}{\partial y} \tag{2.66}$$

$$\frac{1}{V(\theta)}\frac{\partial p}{\partial t}+\cos\theta\frac{\partial p}{\partial x}+\sin\theta\frac{\partial p}{\partial y}+\frac{p}{2r}=0 \tag{2.67}$$

Tam 和 Webb 的特征边界条件是针对非均匀、非各向同性的辐射、入流、出流边界而提出的。从数值模拟的经验方面来说，如果出口区域的扰动不是很强，那么，入流和出流边界条件的差别就不是很大。这也表明，一个较大的计算区域，即使远场边界处的网格相当粗糙，它也能够产生好的计算结果。

3. 吸收边界条件——PML 方法

PML 方法是由 Hu[15, 120]提出的，最初的研究是源于电磁学问题。它的思想是将计算区域分成两个部分，内部区域和 PML 区域(缓冲层)。假定声波、涡波、熵波在这个缓冲层内要被吸收掉。吸收量依赖于 PML 区域的厚度和吸收系数。PML 方法的理论基础是基于对线性化欧拉方程的分析。假定存在沿 x 轴方向的马赫数为 Ma 的二维均匀流，缓冲层定义在长方形计算区域的四个边上。σ_x、σ_y 分别为 x、y 方向上的吸收系数。在计算区域的四个角处，x、y 方向上的缓冲层重叠，这里要充分考虑到吸收系数 σ_x、σ_y 的影响。基于线性化的欧拉方程，将原始变量(u, v, p, ρ)分解为(u_1, v_1, p_1, ρ_1)和(u_2, v_2, p_2, ρ_2)两个部分。PML 方程定义为

$$\frac{\partial\begin{pmatrix}u_1\\v_1\end{pmatrix}}{\partial t}+\begin{pmatrix}\sigma_x\\\sigma_y\end{pmatrix}\begin{pmatrix}u_1\\v_1\end{pmatrix}=-\frac{\partial(p_1+p_2)}{\partial\begin{pmatrix}x\\y\end{pmatrix}} \tag{2.68}$$

$$\frac{\partial\begin{pmatrix}u_2\\v_2\end{pmatrix}}{\partial t}+\begin{pmatrix}\sigma_x\\\sigma_x\end{pmatrix}\begin{pmatrix}u_2\\v_2\end{pmatrix}=-M\frac{\partial\begin{pmatrix}u_1+u_2\\v_1+v_2\end{pmatrix}}{\partial x} \tag{2.69}$$

$$\frac{\partial\begin{pmatrix}p_1\\\rho_1\end{pmatrix}}{\partial t}+\begin{pmatrix}\sigma_x\\\sigma_x\end{pmatrix}\begin{pmatrix}p_1\\\rho_1\end{pmatrix}=-\frac{\partial(u_1+u_2)}{\partial x}-M\frac{\partial\begin{pmatrix}p_1+p_2\\\rho_1+\rho_2\end{pmatrix}}{\partial x} \tag{2.70}$$

$$\frac{\partial\begin{pmatrix}p_2\\\rho_2\end{pmatrix}}{\partial t}+\begin{pmatrix}\sigma_y\\\sigma_y\end{pmatrix}\begin{pmatrix}p_2\\\rho_2\end{pmatrix}=-\frac{\partial(v_1+v_2)}{\partial y} \tag{2.71}$$

当$\sigma_x=\sigma_y=0$时，以上方程就退化为欧拉方程。上述方程中的空间导数项仅仅是针对整体变量u、v、p、ρ，这样可以保证内部区域与缓冲层之间交界处的光滑过度。假定一个平面波传播到 PML 区域，这个波则可以写成一个指数函数的形式。例如，u_1可以写成$u_1=u_0\exp[\mathrm{i}(xk_x+yk_y-\omega t)]$，其中，$u_0$为振幅。把这个平面波公式代入 PML 方程(式(2.68)～式(2.71))中，得到平面波的解(u_1，v_1，p_1，ρ_1)和(u_2，v_2，p_2，ρ_2)。

针对以上三个不同的边界条件，研究者进行了大量的数值实验。对于均匀流动，Hixon 等[122]研究了 Thompson 与 Giles 的特征边界条件、Tam 和 Webb 的声学辐射边界条件。通过比较得出了以下结论：①Tam 和 Webb 的方法在处理出流边界时最有效；只有当流动近似为一维情况，并与边界垂直时，特征边界条件才能有效。②对于入流边界，Giles 的边界条件、Tam 和 Webb 的方法均有效；Thompson 的方法会在入口边界附近产生一些反射。Colonius 和 Lele[123]对 Thompson、Giles、Tam 和 Webb、PML 等四种边界条件也进行了数值研究。研究结果表明：①Tam 和 Webb 的声学辐射边界条件在时间迭代的早期是最有效的方法，它的最大误差约是 PML 方法的一半，但是，这种辐射边界条件具有缓慢的、长时间的不稳定性；②特征边界条件的误差比 Tam 和 Webb 的方法高出一个量级；③PML 技术产生的误差相对较少。

第 3 章　网格优化的迎风型色散保持气动声学格式

3.1　引　　言

传统的计算流体力学格式已经历了快速发展的阶段，然而，对于解决近年来在 CFD 基础上发展起来的计算气动声学问题，这些传统格式在某种程度上不能令人满意，其原因是，声波从声源到远场的传播是一个长时间、长距离的过程，要准确模拟这个过程就需要低耗散、低色散的数值格式。

Tam 和 Webb 的 DRP 格式及 Cheong 和 Lee 提出的 GODRP 格式[7]均是中心型的差分格式，它们实质上是无耗散的格式，因此，当数值模拟流场中有间断的问题时，在计算解中会出现不稳定振荡。为消除不稳定振荡，通常采用加入过滤器或显式耗散项，尽管如此，仍然存在依赖于声学问题的许多因素。然而，高精度的优化迎风格式[8]不但能确保声波的传播方向，而且，由于其内在的耗散性，能够自动地消除计算解中的不稳定波。与中心型 DRP 格式类似，这些迎风型格式也是在波数空间进行系数优化；这些格式之间的主要差别是优化过程中数值波数虚部的处理方法。另外，文献[9]改进了 Cheong 和 Lee 提出的 GODRP 格式的优化系数计算公式，使其更加通用，并分析了优化参数的影响；仅利用泰勒展开法，文献[10]研究了非等距网格上 7 点-6 阶高精度格式，并分析了格式适用的波数范围。

迄今为止，优化的迎风型色散关系保持格式主要是基于均匀笛卡儿网格上研究的，然而，实际的气动声学问题不是仅局限于此种网格。根据 GODRP 的优化过程，本书研究了非均匀笛卡儿网格上网格优化的迎风型色散关系保持格式，并给出了格式优化系数的详细推导过程，为验证本书中格式的有效性，对经典的声学问题进行数值模拟并加以详细比较。

Zhuang 和 Chen[8]研究了均匀笛卡儿网格上优化的迎风型色散保持格式，然而，噪声工程问题的数值模拟不可能仅局限于使用均匀笛卡儿网格。实际的气动声学问题，例如，腔内带有弹体的空腔复杂流动产生的噪声问题、喷气发动机产生的喷气噪声、直升机旋翼产生噪声、风力机噪声，等等，在解决类似复杂外形产生噪声的问题时，特别是物体边界的处理，大都涉及曲度变化大的物体外形结构，不能生成均匀分布的笛卡儿网格，经常会使用非均匀的曲线网格，此时，若仍采用现有笛卡儿网格上的 CAA 计算方法，就可能会产生很大的数值频散，会导致数值计算的不稳定，甚至会得到错误的结果。经过以上分析，要解决这类复杂问题，数值计算中所使用的网格就可以考虑采用曲线网格，因而研究曲线网格上的 CAA 数值格式是必需的。

3.2 均匀网格上色散保持气动声学格式

给定网格间距为 Δx 的均匀笛卡儿网格，网格点 x 处的 1 阶偏导数 $\partial f/\partial x$ 可以利用该点处右边 M 个点值和左边 N 个点值逼近，得到有限差分逼近：

$$\left(\frac{\partial f}{\partial x}\right)_l \approx \frac{1}{\Delta x}\sum_{j=-N}^{M} a_j f_{l+j} \tag{3.1}$$

然后，将傅里叶变换和逆变换：

$$f(\alpha)=\frac{1}{2\pi}\int_{-\infty}^{\infty} f(x)\mathrm{e}^{-\mathrm{i}\alpha x}\mathrm{d}x,\quad f(x)=\frac{1}{2\pi}\int_{-\infty}^{\infty} f(\alpha)\mathrm{e}^{\mathrm{i}\alpha x}\mathrm{d}\alpha \tag{3.2}$$

作用于式(3.1)的左右两侧，则式(3.1)可改写为

$$\mathrm{i}\alpha\tilde{f} \cong \left(\frac{1}{\Delta x}\sum_{j=-N}^{M} a_j \mathrm{e}^{\mathrm{i}\alpha\Delta x}\right)\tilde{f} \tag{3.3}$$

比较式(3.3)的两边，得到

$$\bar{\alpha}=\frac{-\mathrm{i}}{\Delta x}\sum_{l=-N}^{M} a_l \mathrm{e}^{\mathrm{i}\alpha\Delta x} \tag{3.4}$$

它是均匀笛卡儿网格上的差分格式傅里叶变换的有效波数。显然，这个波数不是实数，而是一个虚数。其中，$\bar{\alpha}\Delta x$ 是 $\alpha\Delta x$ 的周期函数，周期为 2π 。为确保在给定的波数空间内，实现差分方程和偏微分方程的逼近，必须合理地选择系数 a_j 使得积分误差 E 最小化，其中，E 的定义如下：

$$E=\int_0^e\left|\alpha\Delta x-\bar{\alpha}\Delta x\right|^2\mathrm{d}(\alpha\Delta x) \tag{3.5}$$

积分误差 E 最小化，等价于 $\dfrac{\partial E}{\partial a_j}=0$， $j=-N,\cdots,M$ 。如果 $N=M$ ，则 $\bar{\alpha}$ 是实数，否则为复数。

3.3　非均匀网格上优化的迎风型 DRP 格式研究

3.3.1　网格优化系数的推导

以一维情况为例，来推导非均匀笛卡儿网格上 GOUPDRP 格式的网格优化系数。给定网格间距为 Δx_i 的非均匀网格，网格点 x 处的 1 阶偏导数 $\partial f/\partial x$ 可以利用该点处右边 M 个点值和左边 N 个点值逼近，得到有限差分逼近：

$$\frac{\partial f}{\partial x}\approx\frac{1}{\overline{\Delta x}}\sum_{j=-N}^{M}a_j f(x+\Delta x_i\overline{\Delta x}) \tag{3.6}$$

其中，$\overline{\Delta x}$ 为网格间距的平均值；Δx_i 为无量纲化的网格间距，即

$$\overline{\Delta x}=\frac{x_M-x_{-N}}{M+N},\quad \Delta x_i=\frac{x_i-x_0}{\overline{\Delta x}},\quad i=-N,\cdots,M$$

将傅里叶变换和逆变换作用于式(3.6)的左右两侧，则式(3.6)可改写为

$$\mathrm{i}\alpha\tilde{f}=\left(\frac{1}{\overline{\Delta x}}\sum_{j=-N}^{M}a_j\mathrm{e}^{\mathrm{i}\alpha\Delta x_i\overline{\Delta x}}\right)\tilde{f} \tag{3.7}$$

比较式(3.7)的两边，得到

$$\bar{\alpha}=\frac{-\mathrm{i}}{\overline{\Delta x}}\sum_{l=-N}^{M}a_l\mathrm{e}^{\mathrm{i}\alpha\Delta x_l\overline{\Delta x}} \tag{3.8}$$

它是非均匀网上的差分格式傅里叶变换的有效波数。显然，这个波数不是实数，而是一个虚数。因此，优化方法采用的是最小化波数实部 $\overline{\alpha_r\Delta x}$ 与 $\alpha\overline{\Delta x}$ 的距离及其虚部 $\overline{\alpha_i\Delta x}$ 与高斯函数的距离，鉴于此，积分误差 E 的定义应为

$$\begin{aligned}E&=\int_0^{e_r}\left|\overline{\alpha_r\Delta x}-k\right|^2\mathrm{d}k+\lambda\int_0^{e_i}\left|\overline{\alpha_i\Delta x}+\mathrm{Sgn}(c)\exp\left[-\ln 2\left(\frac{k-\pi}{\sigma}\right)^2\right]\right|^2\mathrm{d}k\\&=\int_0^{e_r}\left|(\overline{\alpha_r\Delta x})^2-2\overline{\alpha_r\Delta x}k+k^2\right|\mathrm{d}k\\&\quad+\lambda\int_0^{e_i}\left|(\overline{\alpha_i\Delta x})^2+2\overline{\alpha_i\Delta x}\exp\left[-\ln 2\left(\frac{k-\pi}{\sigma}\right)^2\right]+\exp^2\left[-\ln 2\left(\frac{k-\pi}{\sigma}\right)^2\right]\right|\mathrm{d}k\end{aligned} \tag{3.9}$$

其中，$k=\alpha\overline{\Delta x}$；$e_r$、$e_i$ 分别为实部与虚部积分路径的上、下限；λ 为加权系数；σ 为控制参数；c 为波动方程 $u_t+cu_x=0$ 中的传播速度。

为得到 $M+N+1$ 个网格优化系数 a_j，根据积分误差 E 最小化的条件，通过泰勒级数展开，以及要求的精度 $\overline{\Delta x}^{(M+N-2)}$，就可得到一个约束方程组。为方便起见，选择两个自由系数，不失一般性，选定 a_{-N+1} 和 a_{-N}，根据误差最小化条件，得到一个关于自由系数的 $M+N+1$ 个方程的方程组：

$$\begin{bmatrix} 1 & 1 & \cdots & 1 & 1 & 1 & \cdots & 1 \\ \Delta x_M & \Delta x_{M-1} & \cdots & \Delta x_1 & 0 & \Delta x_{-1} & \cdots & \Delta x_{-N+2} \\ \Delta x_M^2 & \Delta x_{M-1}^2 & \cdots & \Delta x_1^2 & 0 & \Delta x_{-1}^2 & \cdots & \Delta x_{-N+2}^2 \\ \vdots & \vdots & & \vdots & \vdots & \vdots & & \vdots \\ \Delta x_M^{M+N-2} & \Delta x_{M-1}^{M+N-2} & \cdots & \Delta x_1^{M+N-2} & 0 & \Delta x_{-1}^{M+N-2} & \cdots & \Delta x_{-N+2}^{M+N-2} \end{bmatrix} \begin{bmatrix} a_M \\ a_{M-1} \\ \vdots \\ a_0 \\ a_{-1} \\ \vdots \\ a_{-N+2} \end{bmatrix}$$

$$= \begin{bmatrix} -1 \\ -\Delta x_{-N+1} \\ -\Delta x_{-N+1}^2 \\ \vdots \\ \vdots \\ -\Delta x_{-N+1}^{M+N-2} \end{bmatrix} a_{-N+1} + \begin{bmatrix} -1 \\ -\Delta x_{-N} \\ -\Delta x_{-N}^2 \\ \vdots \\ \vdots \\ -\Delta x_{-N}^{M+N-2} \end{bmatrix} a_{-N} + \begin{bmatrix} 0 \\ 1 \\ 0 \\ \vdots \\ \vdots \\ 0 \end{bmatrix} \tag{3.10}$$

以上方程组可以转化为简单的矩阵形式：

$$\Delta X \cdot A = C_{-N+1}a_{-N+1} + C_{-N}a_{-N} + C_0 \tag{3.11}$$

式(3.11)的两边同乘以矩阵 ΔX 的逆矩阵，得到

$$A = \Delta X^{-1}C_{-N+1}a_{-N+1} + \Delta X^{-1}C_{-N}a_{-N} + \Delta X^{-1}C_0 \tag{3.12}$$

式(3.12)可用张量形式表示：

$$a_j = \Delta C_{-N+1,j}a_{-N+1} + \Delta C_{-N,j}a_{-N} + \Delta C_{0,j} \tag{3.13}$$

其中，$a_j=(A)_j$；$\Delta C_{-N+1,j}=(\Delta X^{-1}C_{-N+1})_j$；$\Delta C_{-N,j}=(\Delta X^{-1}C_{-N})_j$；$\Delta C_{0,j}=(\Delta X^{-1}C_0)_j$；$(\cdot)_j$ 代表矩阵的第 j 行元素。

将式(3.13)代入式(3.9)，根据 $\dfrac{\partial E}{\partial a_{-N+1}}=0$，$\dfrac{\partial E}{\partial a_{-N}}=0$，就得到两个代数方程，由这两个方程可以确定优化系数 a_{-N+1} 和 a_{-N} 的大小，再将它们代入式(3.9)，就可

求出其他的网格优化系数。为此，下面给出网格优化系数 a_{-N+1} 和 a_{-N} 的详细求解过程，首先联合：

$$\begin{aligned}\overline{\alpha_r\Delta x} &= \sum_{j=-N}^{M}(\Delta C_{-N+1,j}a_{-N+1}+\Delta C_{-N,j}a_{-N}+\Delta C_{0,j})\sin(k\Delta x_j)\\ \overline{\alpha_i\Delta x} &= -i\sum_{j=-N}^{M}(\Delta C_{-N+1,j}a_{-N+1}+\Delta C_{-N,j}a_{-N}+\Delta C_{0,j})\cos(k\Delta x_j)\end{aligned} \tag{3.14}$$

$\dfrac{\partial E}{\partial a_{-N+1}}$ 可转换为(对于 $c>0$ 情况)

$$\begin{aligned}\frac{\partial E}{\partial a_{-N+1}} &= \int_0^{e_r}\left[(2\overline{\alpha_r\Delta x})\frac{\partial(\overline{\alpha_r\Delta x})}{\partial a_{-N+1}}-2k\frac{\partial(\overline{\alpha_r\Delta x})}{\partial a_{-N+1}}\right]\mathrm{d}k\\ &\quad+\lambda\int_0^{e_i}2\overline{\alpha_i\Delta x}\frac{\partial(\overline{\alpha_i\Delta x})}{\partial a_{-N+1}}+2\frac{\partial(\overline{\alpha_i\Delta x})}{\partial a_{-N+1}}\exp\left[-\ln 2\left(\frac{\alpha\overline{\Delta x}-\pi}{\sigma}\right)^2\right]\mathrm{d}k\\ &=2\int_0^{e_r}\left\{a_{-N+1}\left[\sum_{j=-N}^{M}\Delta C_{-N+1,j}\sin(k\Delta x_j)\right]\left[\sum_{j=-N}^{M}\Delta C_{-N+1,j}\sin(k\Delta x_j)\right]\right\}\mathrm{d}k\\ &\quad+2\int_0^{e_r}\left\{a_{-N}\left[\sum_{j=-N}^{M}\Delta C_{-N,j}\sin(k\Delta x_j)\right]\left[\sum_{j=-N}^{M}\Delta C_{-N+1,j}\sin(k\Delta x_j)\right]\right\}\mathrm{d}k\\ &\quad+2\int_0^{e_r}\left\{\left[\sum_{j=-N}^{M}\Delta C_{0,j}\sin(k\Delta x_j)\right]\left[\sum_{j=-N}^{M}\Delta C_{-N+1,j}\sin(k\Delta x_j)\right]\right\}\mathrm{d}k\\ &\quad-2\int_0^{e_r}\left\{k\left[\sum_{j=-N}^{M}\Delta C_{-N+1,j}\sin(k\Delta x_j)\right]\right\}\mathrm{d}k\\ &\quad+2\lambda\int_0^{e_i}\left\{a_{-N+1}\left[\sum_{j=-N}^{M}\Delta C_{-N+1,j}\cos(k\Delta x_j)\right]\left[\sum_{j=-N}^{M}\Delta C_{-N+1,j}\cos(k\Delta x_j)\right]\right\}\mathrm{d}k\\ &\quad+2\lambda\int_0^{e_i}\left\{a_{-N}\left[\sum_{j=-N}^{M}\Delta C_{-N,j}\cos(k\Delta x_j)\right]\left[\sum_{j=-N}^{M}\Delta C_{-N+1,j}\cos(k\Delta x_j)\right]\right\}\mathrm{d}k\\ &\quad+2\lambda\int_0^{e_i}\left\{\left[\sum_{j=-N}^{M}\Delta C_{0,j}\cos(k\Delta x_j)\right]\left[\sum_{j=-N}^{M}\Delta C_{-N+1,j}\cos(k\Delta x_j)\right]\right\}\mathrm{d}k\\ &\quad-2\lambda\int_0^{e_i}\left\{\sum_{j=-N}^{M}\Delta C_{-N+1,j}\cos(k\Delta x_j)\exp\left[-\ln 2\left(\frac{k-\pi}{\sigma}\right)^2\right]\right\}\mathrm{d}k\end{aligned} \tag{3.15}$$

由 $\dfrac{\partial E}{\partial a_{-N+1}}=0$ 可得到

$$\begin{aligned}
&a_{-N+1}\left(\int_0^{e_r}\left\{\left[\sum_{j=-N}^{M}\Delta C_{-N+1,j}\sin(k\Delta x_j)\right]\left[\sum_{j=-N}^{M}\Delta C_{-N+1,j}\sin(k\Delta x_j)\right]\right\}\mathrm{d}k\right.\\
&\left.+\lambda\int_0^{e_i}\left\{\left[\sum_{j=-N}^{M}\Delta C_{-N+1,j}\cos(k\Delta x_j)\right]\left[\sum_{j=-N}^{M}\Delta C_{-N+1,j}\cos(k\Delta x_j)\right]\right\}\mathrm{d}k\right)\\
&+a_{-N}\left(\int_0^{e_r}\left\{\left[\sum_{j=-N}^{M}\Delta C_{-N+1,j}\sin(k\Delta x_j)\right]\left[\sum_{j=-N}^{M}\Delta C_{-N,j}\sin(k\Delta x_j)\right]\right\}\mathrm{d}k\right.\\
&\left.+\lambda\int_0^{e_i}\left\{\left[\sum_{j=-N}^{M}\Delta C_{-N+1,j}\cos(k\Delta x_j)\right]\left[\sum_{j=-N}^{M}\Delta C_{-N,j}\cos(k\Delta x_j)\right]\right\}\mathrm{d}k\right)\\
=&-\int_0^{e_r}\left\{\left[\sum_{j=-N}^{M}\Delta C_{0,j}\sin(k\Delta x_j)\right]\left[\sum_{j=-N}^{M}\Delta C_{-N+1,j}\sin(k\Delta x_j)\right]\right\}\mathrm{d}k\\
&+\int_0^{e_r}\left\{k\left[\sum_{j=-N}^{M}\Delta C_{-N+1,j}\sin(k\Delta x_j)\right]\right\}\mathrm{d}k\\
&-\lambda\int_0^{e_i}\left\{\left[\sum_{j=-N}^{M}\Delta C_{0,j}\cos(k\Delta x_j)\right]\left[\sum_{j=-N}^{M}\Delta C_{-N+1,j}\cos(k\Delta x_j)\right]\right\}\mathrm{d}k\\
&+\lambda\int_0^{e_i}\left\{\sum_{j=-N}^{M}\Delta C_{-N+1,j}\cos(k\Delta x_j)\exp\left[-\ln 2\left(\frac{k-\pi}{\sigma}\right)^2\right]\right\}\mathrm{d}k
\end{aligned}\tag{3.16}$$

以上方程的简化形式为

$$a_{-N+1}E_{11}+a_{-N}E_{12}=R_1 \tag{3.17}$$

其中

$$C_fC=\sum_{j=-N}^{M}\Delta C_{f,j}\cos(k\Delta x_j)$$

$$C_fS=\sum_{j=-N}^{M}\Delta C_{f,j}\sin(k\Delta x_j)$$

$$E_{11}=\left\{\int_0^{e_r}[(C_{-N+1}S)(C_{-N+1}S)]\mathrm{d}k+\lambda\int_0^{e_i}[(C_{-N+1}C)(C_{-N+1}C)]\mathrm{d}k\right\}$$

$$E_{12}=\left\{\int_0^{e_r}[(C_{-N+1}S)(C_{-N}S)]\mathrm{d}k+\lambda\int_0^{e_i}[(C_{-N+1}C)(C_{-N}C)]\mathrm{d}k\right\}$$

$$R_1=-\int_0^{e_r}[(C_{-N+1}S)(C_0S-k)]\mathrm{d}k-\lambda\int_0^{e_i}\left((C_{-N+1}C)\left\{C_0C-\exp\left[-\ln 2\left(\frac{k-\pi}{\sigma}\right)^2\right]\right\}\right)\mathrm{d}k$$

同样的推导过程应用于$\dfrac{\partial E}{\partial a_{-N}}=0$，便可得到

$$a_{-N+1}E_{21}+a_{-N}E_{22}=R_2 \tag{3.18}$$

其中

$$E_{21}=\left\{\int_0^{e_r}[(C_{-N+1}S)(C_{-N}S)]\mathrm{d}k+\lambda\int_0^{e_i}[(C_{-N+1}C)(C_{-N}C)]\mathrm{d}k\right\}$$

$$E_{22}=\left\{\int_0^{e_r}[(C_{-N}S)(C_{-N}S)]\mathrm{d}k+\lambda\int_0^{e_i}[(C_{-N}C)(C_{-N}C)]\mathrm{d}k\right\}$$

$$R_2=-\int_0^{e_r}[(C_{-N}S)(C_0S-k)]\mathrm{d}k-\lambda\int_0^{e_i}\left((C_{-N}C)\left\{C_0C-\exp\left[-\ln 2\left(\frac{k-\pi}{\sigma}\right)^2\right]\right\}\right)\mathrm{d}k$$

最后，式(3.17)与式(3.18)可以表示为矩阵方程：

$$\begin{bmatrix}E_{11} & E_{12}\\ E_{21} & E_{22}\end{bmatrix}\begin{bmatrix}a_{-N+1}\\ a_{-N}\end{bmatrix}=\begin{bmatrix}R_1\\ R_2\end{bmatrix} \tag{3.19}$$

然而，若$c<0$，积分误差E的表达式应为

$$E=\int_0^{e_r}\left|\overline{\alpha_r\Delta x}-k\right|^2\mathrm{d}k+\lambda\int_0^{e_i}\left|\overline{\alpha_i\Delta x}-\exp\left[-\ln 2\left(\frac{k-\pi}{\sigma}\right)^2\right]\right|^2\mathrm{d}k \tag{3.20}$$

式(3.14)的系数矩阵不变，但是，R_1和R_2应转为以下形式：

$$\begin{aligned}R_1&=-\int_0^{e_r}[(C_{-N+1}S)(C_0S-k)]\mathrm{d}k-\lambda\int_0^{e_i}\left((C_{-N+1}C)\left\{C_0C+\exp\left[-\ln 2\left(\frac{k-\pi}{\sigma}\right)^2\right]\right\}\right)\mathrm{d}k\\ R_2&=-\int_0^{e_r}[(C_{-N}S)(C_0S-k)]\mathrm{d}k-\lambda\int_0^{e_i}\left((C_{-N}C)\left\{C_0C+\exp\left[-\ln 2\left(\frac{k-\pi}{\sigma}\right)^2\right]\right\}\right)\mathrm{d}k\end{aligned} \tag{3.21}$$

求解式(3.19)之前，通过数值积分程序，应当首先求出E_{11}、E_{12}、E_{21}、E_{22}、R_1和R_2，然后，再求出a_{-N+1}和a_{-N}，最后，由式(3.11)，就很容易得到其他的系数$a_j\ (j=-N+2,\cdots,M)$。

3.3.2 优化参数对 GOUPDRP 格式的影响

若M与N分别取不同的值，就可得到不同的 GOUPDRP 格式，为研究参数对 GOUPDRP 格式的影响，考虑 7 点-4 阶 GOUPDRP 格式(其中$M=4$，$N=2$)，将此格式应用于一维波动方程$u_t+cu_x=0$的求解。图 3-1 给出了有效波数的实部和虚部随着优化参数e_r、e_i、λ、σ的变化情况。图 3-1(a)给出了实部的逼近情况，由图可知，随着e_r和e_i的增大，有效波数的实部的最大值和关键波数$\overline{\alpha_c}$[7]也随着增加，其中，$\overline{\alpha_c}$满足$\left|\overline{\alpha_c\Delta x}-\alpha\overline{\Delta x}\right|<0.005$。然而，当$e_r$和$e_i$的值增大到 1.4 以后，关键波数$\overline{\alpha_c}$开始减小。因此，确定$e_r=1.4$和$e_i=1.4$为最佳值，应用到本书的其他算例中。由图 3-1(a)也可以看出，对于 GOUPDRP 格式，一直到$\alpha\overline{\Delta x}$为 1.5，有效波数$\overline{\alpha}$能够很好地逼近实际波数$\alpha$。图 3-1(b)给出了有效波数的虚部的变化情况，其代表着数值耗散部分。随着e_r和e_i的增大，虚部的最值也随着增加，到$\alpha\overline{\Delta x}$小于 1.5 之前，$\overline{\alpha_i}\overline{\Delta x}$的大小几乎为 0，显示了很好的逼近过程。

图 3-2(a)表明关键波数的大小对σ的变化不是很敏感，即σ的值对格式的影响不大。图 3-2(b)表明，数值结果比较满意，因为，对于小的$\alpha\overline{\Delta x}$，即长波部分，耗散项小；反之，耗散项大。

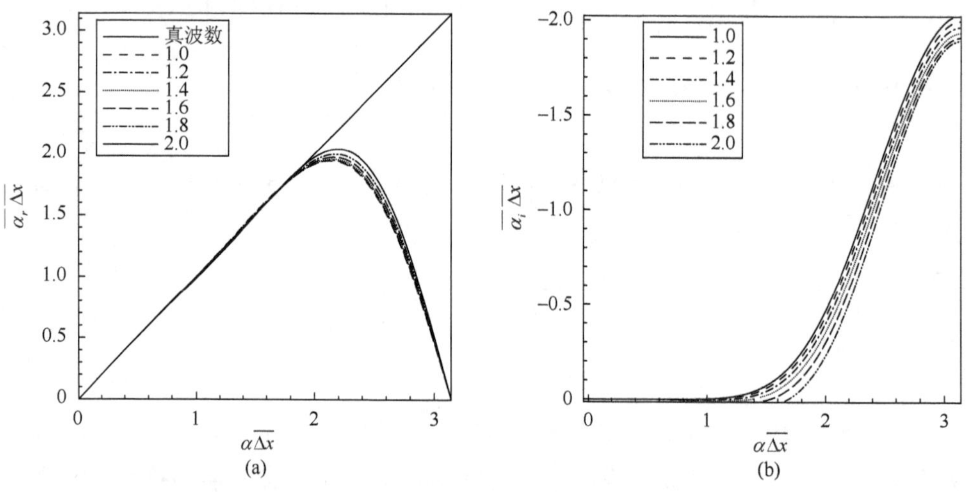

图 3-1　数值波数与实际波数的比较

因此，数值计算时常用的参数设置为：$M=4$，$N=2$，$e_r=e_i=1.4$，$\sigma=0.2\pi$ 或 $M=2$，$N=4$，$e_r=e_i=1.4$，$\sigma=0.2\pi$。图 3-3 给出了采用不同的 M 和 N 值计算得到的结果和 GODRP 格式的对比，由图可知，$M=4$，$N=2$ 或 $M=2$，$N=4$ 是数值计算时的最优参数选择。

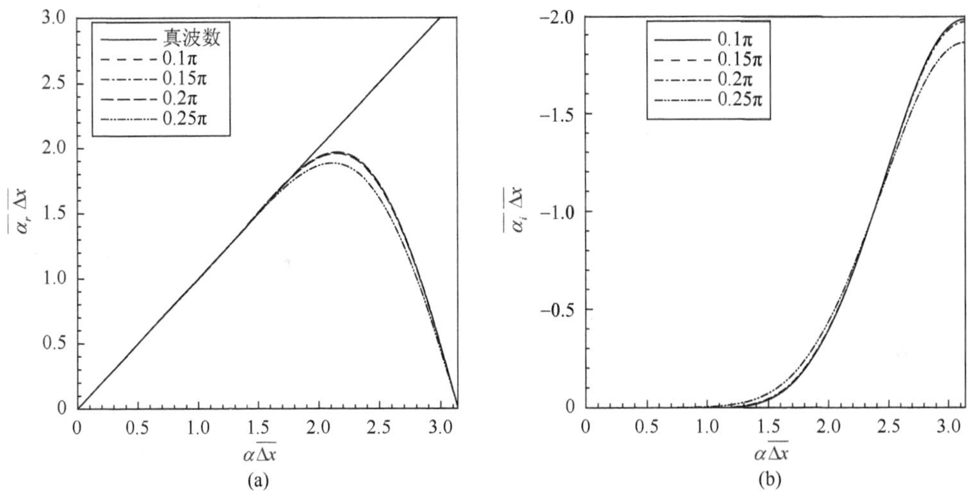

图 3-2　数值波数与实际波数的比较

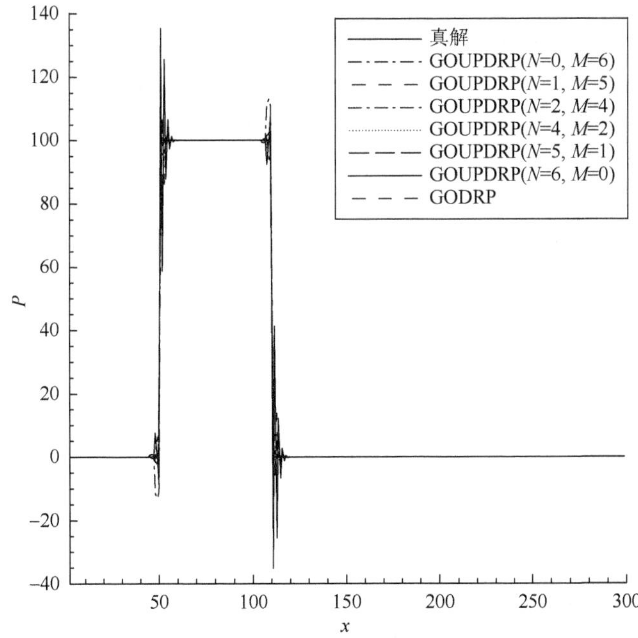

图 3-3　GOUPDRP 格式采用不同的 M 及 N 值计算结果与 GODRP 格式的比较

3.3.3 数值结果与真解的比较

为检验本书中格式的有效性，求解了初始解为间断波的一维线性波动方程，并与 GODRP 格式的计算解和真解进行比较。Tam 和 Webb 的优化时间格式应用到本书的时间离散中，非均匀网格可以通过以下表达式生成：$x(i)=i-105+(-1)^i(-\beta)$，$(i=1,\cdots,300,\ \beta=0.1)$。初始间断波形为

$$\begin{cases} u(x,0)=0, & 0\leqslant x<50 \\ u(x,0)=100, & 50\leqslant x<100 \\ u(x,0)=0, & 100\leqslant x\leqslant 300 \end{cases} \tag{3.22}$$

GOUPDRP 格式中 M 取为 2，N 取为 4。图 3-4 给出了运用 GOUPDRP 和 GOUPDRP 计算所得到的第 5000 个时间步长的局部计算波形，其中，时间步长为 0.00001。与真解相比，特别是在间断附近，本书的迎风型 GOUPDRP 格式的计算解中仅有很小的振荡，大部分非物理波自动耗散掉，而中心型 GODRP 格式的计算解中振荡较大。另外，GOUPDRP 格式的耗散误差是最小的，这是因为积分误差 E 的虚部是在波数范围内最小化的。

对于该问题，本书运用不同的 M 及 N 值（从 M=N=3 到 M=6，N=0）进行计算，如图 3-4 所示。通过比较，可以发现，M=6，N=0 及 M=0，N=6 的计算结果不令人满意，优化效果不是很明显，Zhuang 和 Chen 也得到了类似的结果[8]。

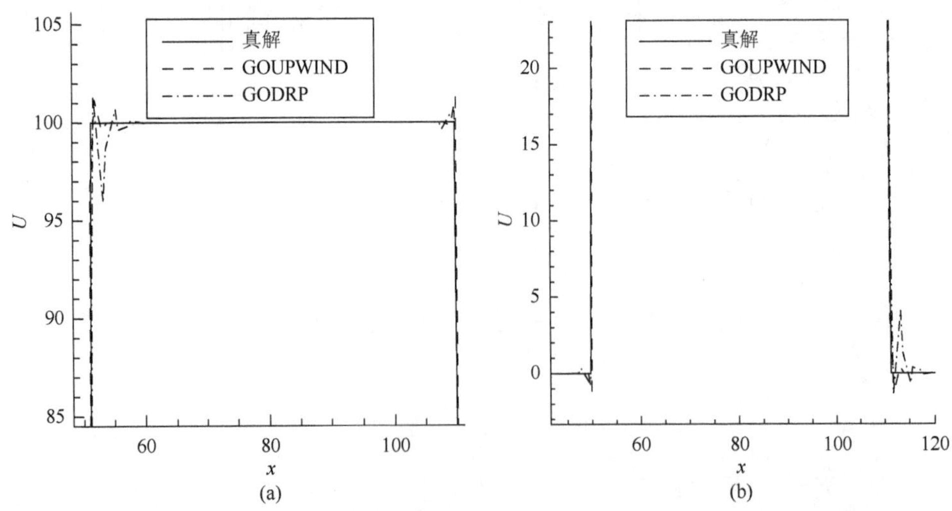

图 3-4　不同数值结果与真解的比较(间断问题)

针对连续问题，图 3-5 给出了 GOUPDRP(N=4，M=2)和 GODRP 格式计算得到的计算解和真解的比较。计算中的时间步长为 0.00001，初始连续波分布的表达式为高斯函数：$\exp[-\ln 2(x-x_0)^2/4^2]$，计算区域的入口、出口边界采用周期性边界条件，计算网格由以下公式生成：

$$
\begin{gathered}
x_1=0.0,\quad \Delta x_1=0.05,\quad x_i=x_{i-1}+\Delta x_i \\
\begin{cases}\Delta x_i=\Delta x_{i-1}\times 1.02, & i=2,\cdots,150 \\ \Delta x_i=\Delta x_{i-1}\times 1.0, & i=151,\cdots,300\end{cases}
\end{gathered}
\tag{3.23}
$$

对于这种连续问题，由图 3-5 可知，数值结果和真解吻合得较好。

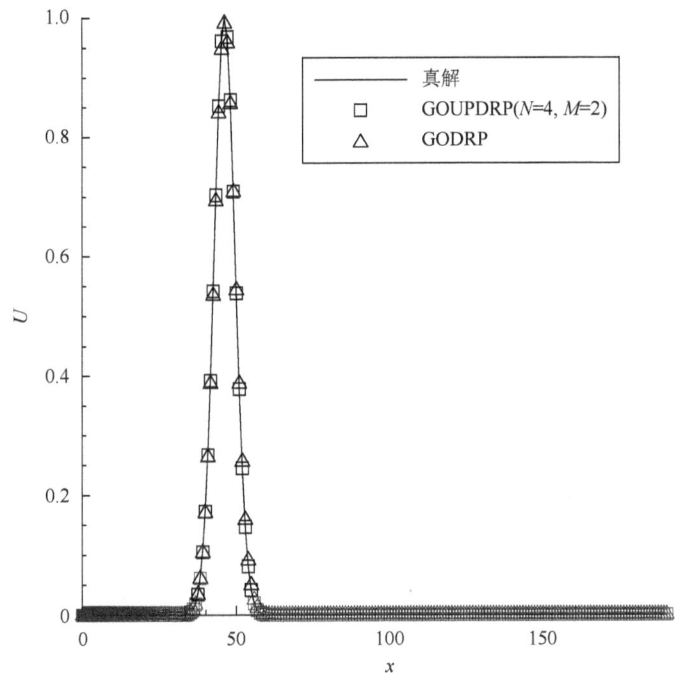

图 3-5　真解与计算解比较(连续问题)

3.3.4　GOUPDRP 格式在二维声学问题中的应用

为进一步验证本书中迎风格式的有效性，将 GOUPDRP 格式应用到二维声学问题之中，求解方程为二维线性化欧拉方程。在离散线性化欧拉方程时，根据特征值的正负，对通量的雅可比矩阵进行通量分裂，对于正特征情况，取 $M=2$ 和 $N=4$ 的 7 点 4 阶 GOUPDRP 格式；对于负特征情况，取 $M=4$ 和 $N=2$ 的 7 点 4 阶 GOUPDRP 格式。

边界条件采用 Tam 和 Webb 提出的边界条件[3]，计算区域的左边界和底部边界采用辐射边界条件，右边界和上部边界采用出流边界。在边界区域，分别取 $M=2$，$N=4$；$M=4$，$N=2$；$M=1$，$N=5$；$M=5$，$N=1$；$M=0$，$N=6$；$M=6$，$N=0$ 时的 GOUPDRP 格式应用到边界方程的离散中。时间离散仍采用 Tam 和 Webb 的优化时间离散方法。变量的无量纲方法采用 Tam 和 Webb 给出的尺度。

二维线性化欧拉方程的无量纲形式为

$$\frac{\partial U}{\partial t}+\frac{\partial F}{\partial x}+\frac{\partial G}{\partial y}=0 \tag{3.24}$$

其中

$$U=\begin{bmatrix}\rho\\u\\v\\p\end{bmatrix},\quad F=\begin{bmatrix}M\rho+u\\Mu+p\\Mv\\Mp+u\end{bmatrix},\quad G=\begin{bmatrix}v\\0\\p\\v\end{bmatrix}$$

计算算例的初始状态为处于不同位置的声波、熵波、涡波，计算的定常平均流场为 x 方向的均匀来流，马赫数为 0.5。初始压力波、涡波、熵脉动为

$$\begin{aligned}
\rho&=0.01\exp\left[-\ln 2\left(\frac{x^2+y^2}{9}\right)\right]+0.001\exp\left\{-\ln 2\left[\frac{(x-67)^2+y^2}{25}\right]\right\}\\
u&=0.0004y\exp\left\{-\ln 2\left[\frac{(x-67)^2+y^2}{25}\right]\right\}\\
v&=0.0004(x-67)\exp\left\{-\ln 2\left[\frac{(x-67)^2+y^2}{25}\right]\right\}\\
p&=0.01\exp\left[-\ln 2\left(\frac{x^2+y^2}{9}\right)\right]
\end{aligned} \tag{3.25}$$

非均匀笛卡儿网格由以下两式生成：

$$x(l)=l-105+(-1)^l(-\beta) \tag{3.26}$$

$$y(l)=l-105+(-1)^l(-\beta),\quad l=1,\cdots,209$$

其中，β 为控制参数。本书分别采用不同的 β（β=0，0.1，0.2，0.3）值，并得到相应的非均匀网格。图 3-6 给出了第 500 个时间步长的计算解和真解的比较。很明显，

在不同的 β 值所得到的非均匀网格上的计算值都能够与真解取得一致。图 3-7 给出了不同时刻的计算所得的密度等值线，计算中 β 取为 0.2，计算网格中的网格间距的生长比为 1.0。图 3-7(a) 为时刻为零的声波和熵波状态。图 3-7(b) 表明两个波之间距离逐渐缩小，声波传播快，熵波传播比较慢。图 3-7(c) 表明这两个波的密度等值线重合，两个波合并。在图 3-7(d) 中，两波合并后开始向出流边界外传播。

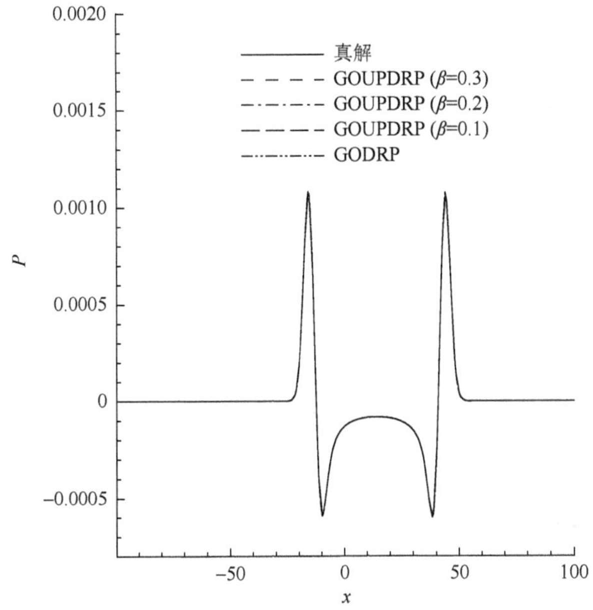

图 3-6　沿 x 轴的压力波形

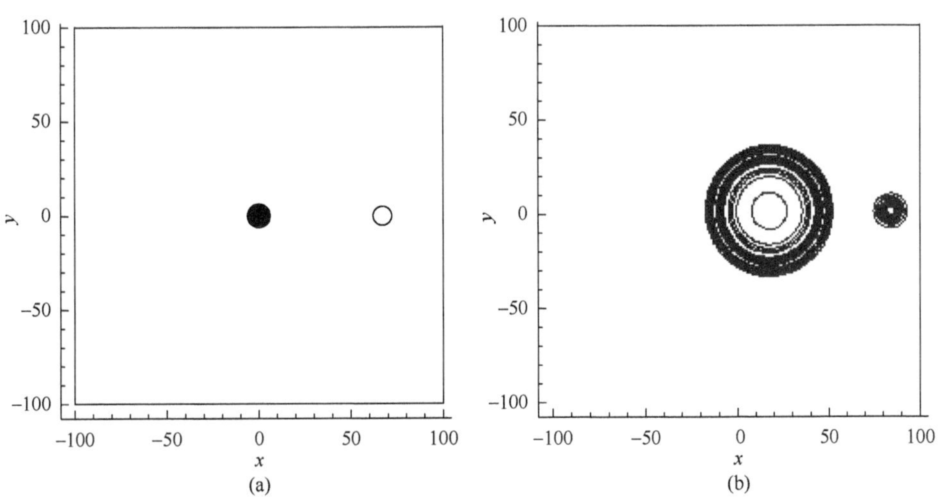

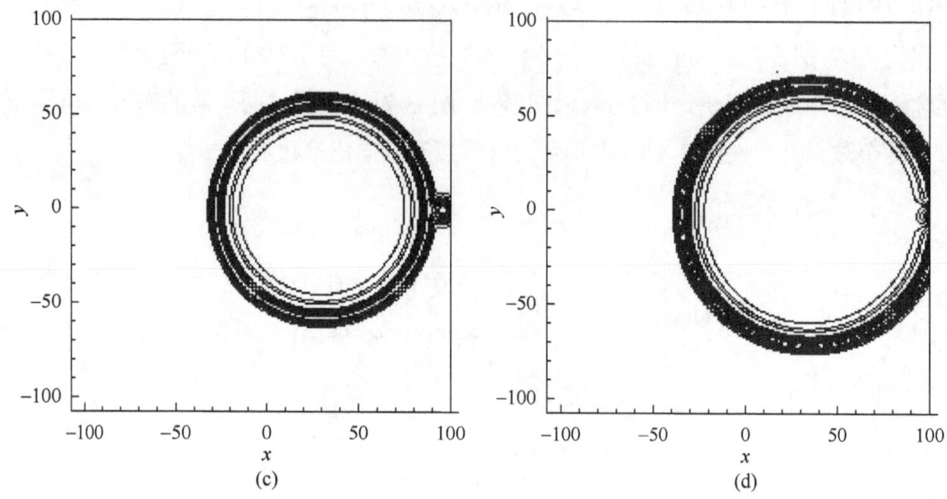

图 3-7　不同时刻的密度等值线

3.4　曲线网格上优化的迎风型 DRP 格式

3.4.1　广义曲线坐标变换

笛卡儿网格上 GOUPDRP 格式的优化系数不能直接应用于曲线网格上。因此，需要引入物理区域到计算区域的坐标转换，计算区域中坐标变量 ξ 和 η 与物理区域中坐标变量 x 和 y 相对应。然后，GOUPDRP 格式的优化系数在计算区域内进行推导。为求解物理区域中 $\partial f/\partial x$ 和 $\partial f/\partial y$，广义坐标变换[7] $(x,y)\to(\xi,\eta)$ 定义如下：

$$
\begin{aligned}
\frac{\partial f}{\partial x} &= J\frac{\partial(y_\eta f)}{\partial \xi} - J\frac{\partial(y_\xi f)}{\partial \eta} \\
\frac{\partial f}{\partial y} &= -J\frac{\partial(x_\eta f)}{\partial \xi} + J\frac{\partial(x_\xi f)}{\partial \eta} \\
J &= \begin{vmatrix} \xi_x & \xi_y \\ \eta_x & \eta_y \end{vmatrix} = \xi_x\eta_y - \eta_x\xi_y
\end{aligned}
\tag{3.27}
$$

3.4.2　优化系数的确定

为逼近点 (l,m) 处 ξ 和 η 的导数项，需要用到该点右边 M 个点及左边 N 个点。重新改写式(3.27)，物理区域内导数 $\partial f/\partial x$ 与 $\partial f/\partial y$ 可以由以下表达式逼近：

$$\begin{aligned}\left.\frac{\partial f}{\partial x}\right|_{l,m} &\approx J\sum_{j=-N}^{M} a_{\xi,j}(y_\eta)_{l+j,m} f_{l+j,m} - J\sum_{j=-N}^{M} a_{\eta,j}(y_\xi)_{l,m+j} f_{l,m+j}\\ \left.\frac{\partial f}{\partial y}\right|_{l,m} &\approx -J\sum_{j=-N}^{M} a_{\xi,j}(x_\eta)_{l+j,m} f_{l+j,m} + J\sum_{j=-N}^{M} a_{\eta,j}(x_\xi)_{l,m+j} f_{l,m+j}\end{aligned} \tag{3.28}$$

其中，$a_{\xi,j}$ 和 $a_{\eta,j}$ 为计算区域内不同坐标方向的优化系数。

为得到波数空间内的优化系数，用 $F\mathrm{e}^{\mathrm{i}(\alpha x+\beta y)}$ 代替式(3.28)中 f，然后波数空间内逼近可以写为

$$\begin{aligned}\mathrm{i}\alpha F\mathrm{e}^{\mathrm{i}(\alpha x_{l,m}+\beta y_{l,m})} &\approx J\sum_{j=-N}^{M} a_{\xi,j}(y_\eta)_{l+j,m} F\mathrm{e}^{\mathrm{i}(\alpha x_{l+j,m}+\beta y_{l+j,m})}\\ &\quad - J\sum_{j=-N}^{M} a_{\eta,j}(y_\xi)_{l,m+j} F\mathrm{e}^{\mathrm{i}(\alpha x_{l,m+j}+\beta y_{l,m+j})}\\ \mathrm{i}\beta F\mathrm{e}^{\mathrm{i}(\alpha x_{l,m}+\beta y_{l,m})} &\approx -J\sum_{j=-N}^{M} a_{\xi,j}(x_\eta)_{l+j,m} F\mathrm{e}^{\mathrm{i}(\alpha x_{l+j,m}+\beta y_{l+j,m})}\\ &\quad + J\sum_{j=-N}^{M} a_{\eta,j}(x_\xi)_{l,m+j} F\mathrm{e}^{\mathrm{i}(\alpha x_{l,m+j}+\beta y_{l,m+j})}\end{aligned} \tag{3.29}$$

通过对比式(3.29)中的两边，清楚地得到

$$\begin{aligned}\overline{\alpha} &\approx -\mathrm{i}\left[J\sum_{j=-N}^{M} a_{\xi,j}(y_\eta)_{l+j,m}\mathrm{e}^{\mathrm{i}(\alpha\Delta x_{l+j,m}\overline{\Delta x}+\beta\Delta y_{l+j,m}\overline{\Delta y})}\right.\\ &\quad\left. - J\sum_{j=-N}^{M} a_{\eta,j}(y_\xi)_{l,m+j}\mathrm{e}^{\mathrm{i}(\alpha\Delta x_{l,m+j}\overline{\Delta x}+\beta\Delta y_{l,m+j}\overline{\Delta y})}\right]\\ \overline{\beta} &\approx -\mathrm{i}\left[-J\sum_{j=-N}^{M} a_{\xi,j}(x_\eta)_{l+j,m}\mathrm{e}^{\mathrm{i}(\alpha\Delta x_{l+j,m}\overline{\Delta x}+\beta\Delta y_{l+j,m}\overline{\Delta y})}\right.\\ &\quad\left. + J\sum_{j=-N}^{M} a_{\eta,j}(x_\xi)_{l,m+j}\mathrm{e}^{\mathrm{i}(\alpha\Delta x_{l,m+j}\overline{\Delta x}+\beta\Delta y_{l,m+j}\overline{\Delta y})}\right]\end{aligned} \tag{3.30}$$

$\overline{\alpha}$ 和 $\overline{\beta}$ 为有效波数，其中，$\overline{\Delta x}$ 和 $\overline{\Delta y}$ 是平均的网格间距；Δx 和 Δy 是无量纲的网格空间，它们的定义如下：

$$\Delta x_{l+j,m} = \frac{x_{l+j,m} - x_{l,m}}{\overline{\Delta x}}, \quad j = -N, \cdots, M$$

$$\Delta y_{l,m+j} = \frac{y_{l,m+j} - y_{l,m}}{\overline{\Delta y}}, \quad j = -N, \cdots, M$$

$$\overline{\Delta x} = \frac{\mathrm{Max}(\Delta x_{\max,\xi}, \Delta x_{\max,\eta}) - \mathrm{Max}(\Delta x_{\min,\xi}, \Delta x_{\min,\eta})}{M + N}$$

$$\overline{\Delta y} = \frac{\mathrm{Max}(\Delta y_{\max,\xi}, \Delta y_{\max,\eta}) - \mathrm{Max}(\Delta y_{\min,\xi}, \Delta y_{\min,\eta})}{M + N}$$

这些有效波数不是实数波数，而是复数波数。因此，优化过程必须使得 $\overline{\alpha_r \Delta x} - \alpha\overline{\Delta x}$，$\overline{\beta_r \Delta y} - \beta\overline{\Delta y}$，$\overline{\alpha_i \Delta x}$ 和 $\overline{\beta_i \Delta y}$ 都接近于 0。积分误差的定义如下：

$$\begin{aligned}
E &= \int_0^{e_{r2}}\int_0^{e_{r1}}\left(\left|\overline{\alpha_r \Delta x} - k_1\right|^2 + \left|\overline{\beta_r \Delta y} - k_2\right|^2\right)\mathrm{d}k_1\mathrm{d}k_2 \\
&\quad + \lambda\int_0^{e_{i2}}\int_0^{e_{i1}}\left\{\overline{\alpha_i \Delta x} + \overline{\beta_i \Delta y} + \mathrm{Sgn}(c)\exp\left[-\ln 2\left(\frac{\sqrt{k_1^2 + k_2^2} - \pi}{\sigma}\right)^2\right]\right\}^2 \mathrm{d}k_1\mathrm{d}k_2 \\
&= \int_0^{e_{r2}}\int_0^{e_{r1}}(\overline{\alpha_r}^2\overline{\Delta x}^2 - 2\overline{\alpha_r \Delta x}k_1 + k_1^2 + \overline{\beta_r}^2\overline{\Delta y}^2 - 2\overline{\beta_r \Delta y}k_2 + k_2^2)\mathrm{d}k_1\mathrm{d}k_2 \\
&\quad + \lambda\int_0^{e_{i2}}\int_0^{e_{i1}}\left\{\overline{\alpha_i}^2\overline{\Delta x}^2 + 2\overline{\alpha_i \Delta x \beta_i \Delta y} + \overline{\beta_i}^2\overline{\Delta y}^2\right. \\
&\quad + 2\overline{\alpha_i \Delta x}\mathrm{Sgn}(c)\exp\left[-\ln 2\left(\frac{\sqrt{k_1^2 + k_2^2} - \pi}{\sigma}\right)^2\right] \\
&\quad + 2\overline{\beta_i \Delta y}\mathrm{Sgn}(c)\exp\left[-\ln 2\left(\frac{\sqrt{k_1^2 + k_2^2} - \pi}{\sigma}\right)^2\right] \\
&\quad \left. + \mathrm{Sgn}^2(c)\exp^2\left[-\ln 2\left(\frac{\sqrt{k_1^2 + k_2^2} - \pi}{\sigma}\right)^2\right]\right\}\mathrm{d}k_1\mathrm{d}k_2
\end{aligned} \tag{3.31}$$

其中，$k_1 = \alpha\overline{\Delta x}$，$k_2 = \beta\overline{\Delta y}$；$e_{r1}$ 和 e_{r2}、e_{i1} 和 e_{i2} 分别为实部、虚部积分区间的上限；参数 λ 为加权的系数，用来平衡截断误差的 L_2 范数；σ 为控制参数；c 为波动方程 $u_t + cu_x = 0$ 中的声速。

重新修改式(3.30)，两个有效波数的实部和虚部可以写成

$$
\begin{aligned}
\overline{\alpha_r} &= J\sum_{j=-N}^{M} a_{\xi,j}(y_\eta)_{l+j,m}\sin(\alpha\Delta x_{l+j,m}\overline{\Delta x}+\beta\Delta y_{l+j,m}\overline{\Delta y}) \\
&\quad - J\sum_{j=-N}^{M} a_{\eta,j}(y_\xi)_{l,m+j}\sin(\alpha\Delta x_{l,m+j}\overline{\Delta x}+\beta\Delta y_{l,m+j}\overline{\Delta y}) \\
&= J\sum_{j=-N}^{M}(\Delta C_{-N+1,j}a_{\xi,-N+1}+\Delta C_{-N,j}a_{\xi,-N}+\Delta C_{0,j})(y_\eta)_{l+j,m}\sin(k_1\Delta x_{l+j,m}+k_2\Delta y_{l+j,m}) \\
&\quad - J\sum_{j=-N}^{M}(\Delta C_{-N+1,j}a_{\eta,-N+1}+\Delta C_{-N,j}a_{\eta,-N}+\Delta C_{0,j})(y_\xi)_{l,m+j}\sin(k_1\Delta x_{l,m+j}+k_2\Delta y_{l,m+j})
\end{aligned}
\tag{3.32}
$$

$$
\begin{aligned}
\overline{\alpha_i} &= -J\sum_{j=-N}^{M} a_{\xi,j}(y_\eta)_{l+j,m}\cos(\alpha\Delta x_{l+j,m}\overline{\Delta x}+\beta\Delta y_{l+j,m}\overline{\Delta y}) \\
&\quad + J\sum_{j=-N}^{M} a_{\eta,j}(y_\xi)_{l,m+j}\cos(\alpha\Delta x_{l,m+j}\overline{\Delta x}+\beta\Delta y_{l,m+j}\overline{\Delta y}) \\
&= -J\sum_{j=-N}^{M}(\Delta C_{-N+1,j}a_{\xi,-N+1}+\Delta C_{-N,j}a_{\xi,-N}+\Delta C_{0,j})(y_\eta)_{l+j,m}\cos(k_1\Delta x_{l+j,m}+k_2\Delta y_{l+j,m}) \\
&\quad + J\sum_{j=-N}^{M}(\Delta C_{-N+1,j}a_{\eta,-N+1}+\Delta C_{-N,j}a_{\eta,-N}+\Delta C_{0,j})(y_\xi)_{l,m+j}\cos(k_1\Delta x_{l,m+j}+k_2\Delta y_{l,m+j})
\end{aligned}
\tag{3.33}
$$

$$
\begin{aligned}
\overline{\beta_r} &= -J\sum_{j=-N}^{M} a_{\xi,j}(x_\eta)_{l+j,m}\sin(\alpha\Delta x_{l+j,m}\overline{\Delta x}+\beta\Delta y_{l+j,m}\overline{\Delta y}) \\
&\quad + J\sum_{j=-N}^{M} a_{\eta,j}(x_\xi)_{l,m+j}\sin(\alpha\Delta x_{l,m+j}\overline{\Delta x}+\beta\Delta y_{l,m+j}\overline{\Delta y}) \\
&= -J\sum_{j=-N}^{M}(\Delta C_{-N+1,j}a_{\xi,-N+1}+\Delta C_{-N,j}a_{\xi,-N}+\Delta C_{0,j})(x_\eta)_{l+j,m}\sin(k_1\Delta x_{l+j,m}+k_2\Delta y_{l+j,m}) \\
&\quad + J\sum_{j=-N}^{M}(\Delta C_{-N+1,j}a_{\eta,-N+1}+\Delta C_{-N,j}a_{\eta,-N}+\Delta C_{0,j})(x_\xi)_{l,m+j}\sin(k_1\Delta x_{l,m+j}+k_2\Delta y_{l,m+j})
\end{aligned}
\tag{3.34}
$$

$$
\begin{aligned}
\overline{\beta}_i &= J\sum_{j=-N}^{M} a_{\xi,j}(x_\eta)_{l+j,m}\cos(\alpha\Delta x_{l+j,m}\overline{\Delta x}+\beta\Delta y_{l+j,m}\overline{\Delta y}) \\
&\quad - J\sum_{j=-N}^{M} a_{\eta,j}(x_\xi)_{l,m+j}\cos(\alpha\Delta x_{l,m+j}\overline{\Delta x}+\beta\Delta y_{l,m+j}\overline{\Delta y}) \\
&= J\sum_{j=-N}^{M}(\Delta C_{-N+1,j}a_{\xi,-N+1}+\Delta C_{-N,j}a_{\xi,-N}+\Delta C_{0,j})(x_\eta)_{l+j,m}\cos(k_1\Delta x_{l+j,m}+k_2\Delta y_{l+j,m}) \\
&\quad - J\sum_{j=-N}^{M}(\Delta C_{-N+1,j}a_{\eta,-N+1}+\Delta C_{-N,j}a_{\eta,-N}+\Delta C_{0,j})(x_\xi)_{l,m+j}\cos(k_1\Delta x_{l,m+j}+k_2\Delta y_{l,m+j})
\end{aligned}
\tag{3.35}
$$

其中，C 为矩阵元素，将在后面给出其定义。

联系传统的截断泰勒级数展开与波数空间逼近，根据计算网格信息，来确定 $M+N+1$ 个点处的系数 $a_{\xi,j}$ 和 $a_{\eta,j}$。根据积分误差 E 最小化的原则，通过泰勒级数展开，为得到 $M+N-2$ 阶精度，将该原则应用于式(3.30)后，就得到一个约束方程。为最小化积分误差，需要选取两个自由系数，不失一般性，各自选择 $a_{\xi,-N+1}$ 和 $a_{\xi,-N}$ 及 $a_{\eta,-N+1}$ 和 $a_{\eta,-N}$。然后，就可以得到含有 $M+N+1$ 个方程的方程组：

$$
\begin{bmatrix}
1 & 1 & \cdots & 1 & 1 & 1 & \cdots & 1 \\
\varDelta_M & \varDelta_{M-1} & \cdots & \varDelta_1 & 0 & \varDelta_{-1} & \cdots & \varDelta_{-N+2} \\
\varDelta_M^2 & \varDelta_{M-1}^2 & \cdots & \varDelta_1^2 & 0 & \varDelta_{-1}^2 & \cdots & \varDelta_{-N+2}^2 \\
\vdots & \vdots & & \vdots & \vdots & \vdots & & \vdots \\
\varDelta_M^{M+N-2} & \varDelta_{M-1}^{M+N-2} & \cdots & \varDelta_1^{M+N-2} & 0 & \varDelta_{-1}^{M+N-2} & \cdots & \varDelta_{-N+2}^{M+N-2}
\end{bmatrix}
\begin{bmatrix} a_M \\ a_{M-1} \\ \vdots \\ a_0 \\ a_{-1} \\ \vdots \\ a_{-N+2} \end{bmatrix}
=
\begin{bmatrix} -1 \\ -\varDelta_{-N+1} \\ -\varDelta_{-N+1}^2 \\ \vdots \\ \vdots \\ -\varDelta_{-N+1}^{M+N-2} \end{bmatrix} a_{-N+1}
+
\begin{bmatrix} -1 \\ -\varDelta_{-N} \\ -\varDelta_{-N}^2 \\ \vdots \\ \vdots \\ -\varDelta_{-N}^{M+N-2} \end{bmatrix} a_{-N}
+
\begin{bmatrix} 0 \\ 1 \\ 0 \\ \vdots \\ \vdots \\ 0 \end{bmatrix}
\tag{3.36}
$$

其中，$\varDelta$ 为不同方向的网格间距。以上方程组可以简写为矩阵形式

$$
\varDelta A = C_{-N+1}a_{-N+1} + C_{-N}a_{-N} + C_0 \tag{3.37}
$$

式(3.37)的两边都乘以矩阵 $\varDelta$ 的逆矩阵，就可以得到以下方程：

$$A = \Delta^{-1}C_{-N+1}a_{-N+1} + \Delta^{-1}C_{-N}a_{-N} + \Delta^{-1}C_0 \tag{3.38}$$

式(3.38)可以写成张量形式：

$$a_j = \Delta C_{-N+1,j}a_{-N+1} + \Delta C_{-N,j}a_{-N} + \Delta C_{0,j} \tag{3.39}$$

其中，$a_j = (A)_j$；$\Delta C_{-N+1,j} = (\Delta^{-1}C_{-N+1})_j$；$\Delta C_{-N,j} = (\Delta^{-1}C_{-N})_j$；$\Delta C_{0,j} = (\Delta^{-1}C_0)_j$；$(\cdot)_j$ 为矩阵的第 j 行元素。

用式(3.39)替代式(3.5)中的系数 a_j，就可以得到四个线性代数方程组：

$$\frac{\partial E}{\partial a_{\xi,-N+1}} = 0, \quad \frac{\partial E}{\partial a_{\xi,-N}} = 0, \quad \frac{\partial E}{\partial a_{\eta,-N+1}} = 0, \quad \frac{\partial E}{\partial a_{\eta,-N}} = 0 \tag{3.40}$$

通过这四个方程组就可以计算出系数 $a_{\xi,-N+1}$、$a_{\xi,-N}$、$a_{\eta,-N+1}$ 和 $a_{\eta,-N}$。首先给出求解系数 $a_{\xi,-N+1}$ 和 $a_{\xi,-N}$ 的过程。

联合 $\overline{\alpha_r}$、$\overline{\beta_r}$、$\overline{\alpha_i}$ 及 $\overline{\beta_i}$，$\dfrac{\partial E}{\partial a_{\xi,-N+1}}$、$\dfrac{\partial E}{\partial a_{\xi,-N}}$、$\dfrac{\partial E}{\partial a_{\eta,-N+1}}$ 及 $\dfrac{\partial E}{\partial a_{\eta,-N}}$ 可以转换为以下形式(针对 $c > 0$)：

$$\frac{\partial E}{\partial a_{\xi,-N+1}} = 0, \quad \frac{\partial E}{\partial a_{\eta,-N+1}} = 0, \quad \frac{\partial E}{\partial a_{\xi,-N}} = 0, \quad \frac{\partial E}{\partial a_{\eta,-N}} = 0$$

以上四个方程可以参考附录式(A.1)～式(A.4)。

重新组合以上方程，可以得到以下方程：

$$E_{11}a_{\xi,-N+1} + E_{12}a_{\xi,-N} + E_{13}a_{\eta,-N+1} + E_{14}a_{\eta,-N} = R_1 \tag{3.41}$$

其中，E_{11}、E_{12}、E_{13}、E_{14} 及 R_1 的定义见附录式(A.5)～式(A.9)。

与以上推导过程类似，$\dfrac{\partial E}{\partial a_{\xi,-N}} = 0$，$\dfrac{\partial E}{\partial a_{\eta,-N+1}} = 0$ 及 $\dfrac{\partial E}{\partial a_{\eta,-N}} = 0$ 可分别改写为以下形式：

$$\begin{aligned}
&E_{21}a_{\xi,-N+1} + E_{22}a_{\xi,-N} + E_{23}a_{\eta,-N+1} + E_{24}a_{\eta,-N} = R_2 \\
&E_{31}a_{\xi,-N+1} + E_{32}a_{\xi,-N} + E_{33}a_{\eta,-N+1} + E_{34}a_{\eta,-N} = R_3 \\
&E_{41}a_{\xi,-N+1} + E_{42}a_{\xi,-N} + E_{43}a_{\eta,-N+1} + E_{44}a_{\eta,-N} = R_4
\end{aligned} \tag{3.42}$$

最后，式(3.41)和式(3.42)可以写成以下矩阵形式：

$$\begin{bmatrix} E_{11} & E_{12} & E_{13} & E_{14} \\ E_{21} & E_{22} & E_{23} & E_{24} \\ E_{31} & E_{32} & E_{33} & E_{34} \\ E_{41} & E_{42} & E_{43} & E_{44} \end{bmatrix} \begin{bmatrix} a_{\xi,-N+1} \\ a_{\xi,-N} \\ a_{\eta,-N+1} \\ a_{\eta,-N} \end{bmatrix} = \begin{bmatrix} R_1 \\ R_2 \\ R_3 \\ R_4 \end{bmatrix} \tag{3.43}$$

其中，E_{21}、E_{22}、E_{23}、E_{24}、E_{31}、E_{32}、E_{33}、E_{34}、E_{41}、E_{42}、E_{43}、E_{44}的定义见附录式(A.10)～式(A.18)。

3.4.3 曲线网格下 GOUPDRP 格式的应用

给定不同的M和N值，就能得到各种不同的 GOUPDRP 格式。在经典问题的模拟中，采用 7 点-4 阶 GOUPDRP 格式（$M=4$，$N=2$和$M=2$，$N=4$）。数值模拟中各种参数的设置如下：$M=4$，$N=2$，$e_{r1}=e_{r2}=e_{i1}=e_{i2}=1.4$，$\sigma=0.2\pi$；$M=2$，$N=4$，$e_{r1}=e_{r2}=e_{i1}=e_{i2}=1.4$，$\sigma=0.2\pi$；$\lambda=0.2$。

为验证 GOUPDRP 格式的有效性，运用这种格式数值模拟二维气动声学问题。控制方程为二维线性化欧拉方程，在离散线性化欧拉方程时，根据特征值的正负，对通量的雅可比矩阵进行通量分裂。对于正特征情况，取$M=2$和$N=4$的 7 点-4 阶 GOUPDRP 格式；对于负特征情况，取$M=4$和$N=2$的 7 点-4 阶 GOUPDRP 格式。

边界条件采用 Tam 和 Webb 提出的边界条件[3]，计算区域的左边界和底部边界采用辐射边界条件，右边界和上部边界采用出流边界。在边界区域，分别取$M=2$，$N=4$；$M=4$，$N=2$；$M=1$，$N=5$；$M=5$，$N=1$；$M=0$，$N=6$；$M=6$，$N=0$时的 GOUPDRP 格式应用到边界方程的离散中。时间离散仍采用 Tam 和 Webb 的优化时间离散方法。变量的无量纲方法采用 Tam 和 Webb 给出的尺度。

曲线坐标下，二维线性化欧拉方程为

$$\frac{\partial \tilde{U}}{\partial t} + \frac{\partial \tilde{F}}{\partial \xi} + \frac{\partial \tilde{G}}{\partial \eta} = 0 \tag{3.44}$$

其中

$$\tilde{U} = \frac{U}{J}, \quad \tilde{F} = \frac{1}{J}(\xi_x F + \xi_y G), \quad \tilde{G} = \frac{1}{J}(\eta_x F + \eta_y G)$$

$$U = [\rho\ u\ v\ p]^{\mathrm{T}}, \quad F = [M\rho + u\ Mu + p\ Mv\ Mp + u]^{\mathrm{T}}, \quad G = [v\ 0\ p\ v]^{\mathrm{T}}$$

计算的初始状态为处于不同位置的声波、熵波、涡波，计算的定常平均流场

为 x 方向的均匀来流，马赫数为 0.5。初始压力波、涡波、熵波为

$$\begin{gathered}\rho = 0.01\exp\left[-\ln 2\left(\frac{x^2+y^2}{9}\right)\right] + 0.001\exp\left\{-\ln 2\left[\frac{(x-67)^2+y^2}{25}\right]\right\} \\ u = 0.0004y\exp\left\{-\ln 2\left[\frac{(x-67)^2+y^2}{25}\right]\right\} \\ v = 0.0004(x-67)\exp\left\{-\ln 2\left[\frac{(x-67)^2+y^2}{25}\right]\right\} \\ p = 0.01\exp\left[-\ln 2\left(\frac{x^2+y^2}{9}\right)\right]\end{gathered} \tag{3.45}$$

数值模拟中曲线网格由式(3.46)生成：

$$\begin{gathered}x(l,m) = l - N_t + (-1)^l(-0.1) \\ y(l,m) = y_{\min} + (m-1) + \cos(0.1\pi x)\end{gathered} \tag{3.46}$$

其中，N_t 为 ξ 方向的总网格点数。图 3-8 给出了计算中采用的曲线网格。

图 3-9 给出了第 500 个时间步长计算得到的压强结果与真解的比较。计算解能够与真解吻合。图 3-10 给出了不同时间步对应的计算密度等值线。图 3-10(a)为高斯波在零时刻的状态。由图 3-10(b)可知，由于熵波传播得快，这两种不同的波将要相遇。随着时间的增加，声波开始合并，并继续向出口边界传播(图 3-10(d))。

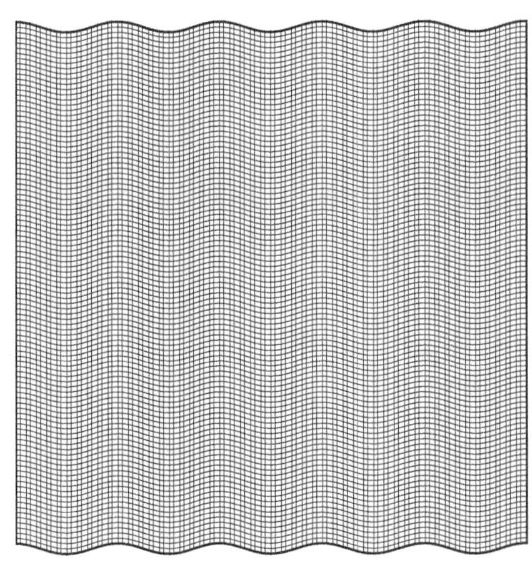

图 3-8　曲线网格

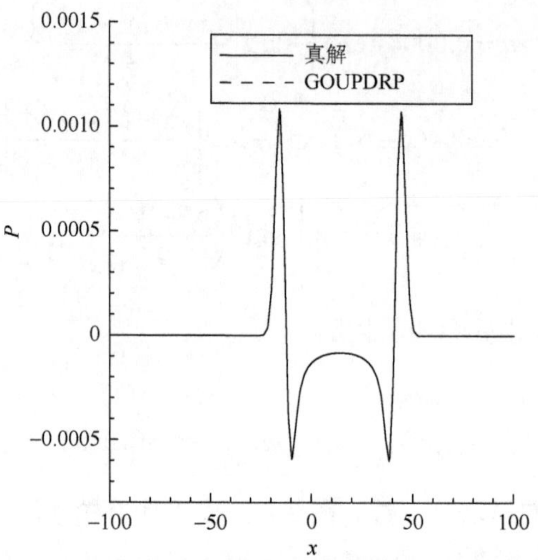

图 3-9　真解与计算解比较

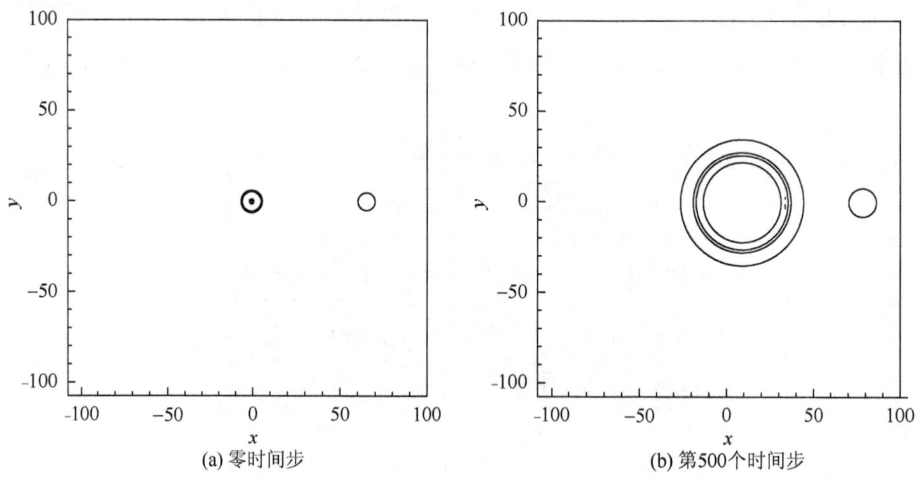

(a) 零时间步　　(b) 第500个时间步

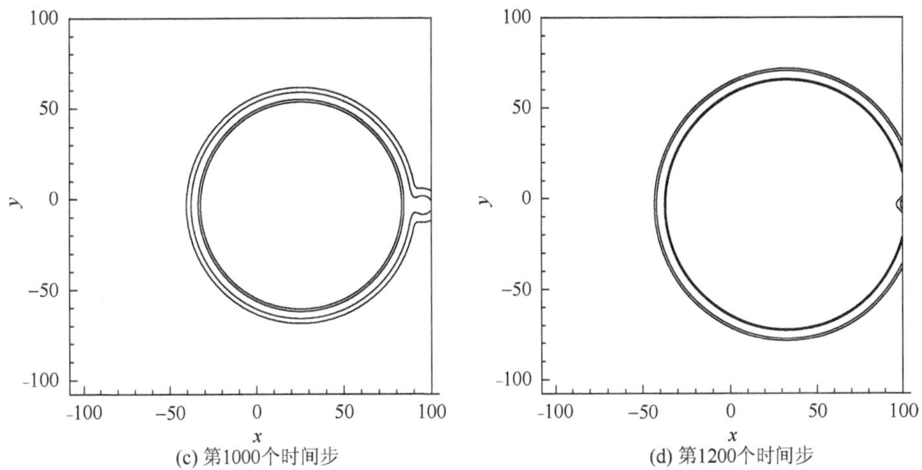

图 3-10　不同时间步长的密度等值线

3.5　声学扰动方程

3.5.1　声扰动方程的改进

线性化欧拉方程的表达式为

$$\frac{\partial U}{\partial t}+\frac{\partial F}{\partial x}+\frac{\partial G}{\partial y}+H=S \tag{3.47}$$

其中，未知物理量向量 U 、通量向量 F 、 G 的表达式分别为

$$U=\begin{bmatrix}\rho'\\ \rho_0 u'\\ \rho_0 v'\\ p'\end{bmatrix},\quad F=\begin{bmatrix}\rho' u_0+\rho_0 u'\\ u_0\rho_0 u'+p'\\ u_0\rho_0 v'\\ u_0 p'+\gamma p_0 u'\end{bmatrix},\quad G=\begin{bmatrix}\rho' v_0+\rho_0 v'\\ v_0\rho_0 u'\\ v_0\rho_0 v'+p'\\ v_0 p'+\gamma p_0 v'\end{bmatrix} \tag{3.48}$$

ρ' 、$u'=(u',v')$、p' 分别为脉动的密度、脉动的速度和压强，ρ_0 、$u_0=(u_0,v_0)$、p_0 分别为非均匀流的密度、速度及压强，S 为非定常源项，向量 H 代表非均匀流的各向异性项：

$$H=\begin{bmatrix} 0 \\ (\rho' u_0+\rho_0 u')\dfrac{\partial u_0}{\partial x}+(\rho' v_0+\rho_0 v')\dfrac{\partial u_0}{\partial y} \\ (\rho' u_0+\rho_0 u')\dfrac{\partial v_0}{\partial x}+(\rho' v_0+\rho_0 v')\dfrac{\partial v_0}{\partial y} \\ (\gamma-1)p'\left(\dfrac{\partial u_0}{\partial x}+\dfrac{\partial v_0}{\partial y}\right)-(\gamma-1)\left(u'\dfrac{\partial p_0}{\partial x}+v'\dfrac{\partial p_0}{\partial y}\right) \end{bmatrix} \tag{3.49}$$

LEE 方程常用于描述声源近场声传播问题[28]。它充分考虑了非均匀流场引起的折射和对流影响，但 LEE 方程也支持不稳定涡波和熵波的传播。

假定声场是无旋和等熵的，则声传播过程中的熵波和涡波模态可以忽略不计，在这种假设下，LEE 方程可以改写为 APE 方程。APE 方程中的向量U、F、G及H的表达式分别为

$$U=\begin{bmatrix} u' \\ v' \\ p' \end{bmatrix},\quad F=\begin{bmatrix} u_0 u'+\dfrac{p'}{\rho_0} \\ u_0 v' \\ u_0 p'+c_0^2\rho_0 u' \end{bmatrix},\quad G=\begin{bmatrix} v_0 u' \\ v_0 v'+\dfrac{p'}{\rho_0} \\ v_0 p'+c_0^2\rho_0 v' \end{bmatrix},\quad H=\begin{bmatrix} 0 \\ 0 \\ 0 \end{bmatrix} \tag{3.50}$$

APE 方程能够得到比较稳定的计算解，计算效率较高，因为它比 LEE 方程少解一个方程[27]。如果源项引起的仅有声学模态，则声场可以认为是无旋的，这样，LEE 方程和 APE 方程等价。

然而，已有研究[25-27]表明，当模拟声在剪切流中传播时，两种控制方程计算得到的声压值大小存在不同。尽管 APE 方程无需求解密度方程，计算成本相对较少，但它计算得到的声压峰值偏小，通过分析 APE 方程，这类方程忽略了剪切流中速度导数的影响，即需要加入剪切流与声波相互作用的源项。为此需要适当地改进 APE 方程，改进 APE(IAPE) 方程为

$$U=\begin{bmatrix} u' \\ v' \\ p' \end{bmatrix},\quad F=\begin{bmatrix} u_0 u'+\dfrac{p'}{\rho_0} \\ u_0 v' \\ u_0 p'+c_0^2\rho_0 u' \end{bmatrix},\quad G=\begin{bmatrix} v_0 u' \\ v_0 v'+\dfrac{p'}{\rho_0} \\ v_0 p'+c_0^2\rho_0 v' \end{bmatrix}$$

$$H=\begin{bmatrix} \left(\rho'\dfrac{u_0}{\rho_0}+u'\right)\dfrac{\partial u_0}{\partial x}+\left(\rho'\dfrac{v_0}{\rho_0}+v'\right)\dfrac{\partial u_0}{\partial y} \\ \left(\rho'\dfrac{u_0}{\rho_0}+u'\right)\dfrac{\partial v_0}{\partial x}+\left(\rho'\dfrac{v_0}{\rho_0}+v'\right)\dfrac{\partial v_0}{\partial y} \\ (\gamma-1)p'\left(\dfrac{\partial u_0}{\partial x}+\dfrac{\partial v_0}{\partial y}\right)-(\gamma-1)\left(u'\dfrac{\partial p_0}{\partial x}+v'\dfrac{\partial p_0}{\partial y}\right) \end{bmatrix} \tag{3.51}$$

3.5.2　数值离散方法

IAPE 方程数值离散时所采用的无量纲化特征尺度分别为：长度 Δx（为网格步长），速度 c_∞，时间 $\Delta x/c_\infty$，密度 ρ_∞，压强 $\rho_\infty c_\infty^2$。空间离散采用 4 阶色散保持格式，时间离散采用 Tam 和 Webb 的优化时间格式，数值计算中时间步长为 0.05，为抑制高频声波扰动，采用人工选择的过滤技术。远场边界条件采用无反射边界条件，壁面边界条件采用一层虚拟边界节点。

3.5.3　高斯波在剪切流中传播

为检验 IAPE 方程的基本能力，运用该控制方程模拟高斯波包括声、熵及涡波在剪切流中的传播问题。剪切流的速度型为跨音速双曲正切速度，表达式为[28]

$$u_0(y)=0.5c_0(1.0+\tanh\{(\Gamma/2\delta_\theta)[1-(|y|/\Gamma)]\}) \tag{3.52}$$

其中，Γ 为剪切层厚度；δ_θ 为动量厚度。在这种情况下，控制方程中的源项为 $S=0$。

图 3-11 给出了分别采用 IAPE、LEE 及 APE 方程计算得到的沿着 y=0 压强变化情况。结果表明，当式(3.51)中 H 项加入到 APE 方程后，IAPE 的计算结果能够和 LEE 方程计算得到的结果保持一致。为进一步验证 LEE 和 IAPE 方程，图 3-12 给出了运用该两种控制方程计算的位置(50, 50)处压强变化历程，由图可知，在这种情况下，LEE 和 IAPE 方程计算结果吻合。

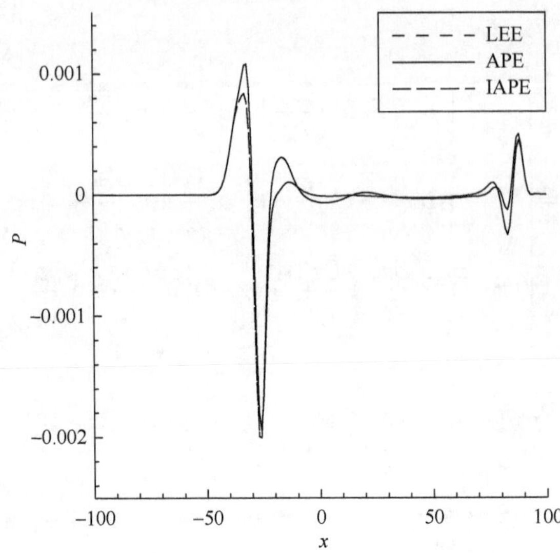

图 3-11　采用三种不同控制方程计算的沿着 y=0 的压强变化

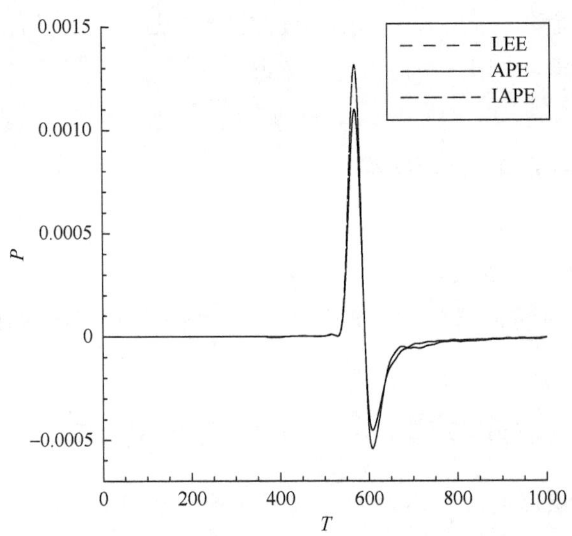

图 3-12　采用三种不同方程计算得到的位置(50, 50)处的压强变化历程

3.5.4　单极子声源在均匀流中的声辐射问题

计算区域为：$-100 \leqslant x, y \leqslant 100$，$\Delta x = \Delta y = 1$。均匀来流状态为：$u_0$=0.5，$v_0$=0.0，$p_0 = 1/\gamma$，$\rho_0 = 1$。单极子声源的表达式为

$$[0,0,\exp[-\ln(2)(x^2+y^2)/9]\sin(\omega t)]^{\mathrm{T}} \tag{3.53}$$

其中，ω 为角频率，取值为 0.5，这种问题的解析解可参考文献[28]。图 3-13 给出了 IAPE 方程计算得到的无量纲时间 T=180 压强等值线，由图可知，单极子声源在均匀流中传播时，其辐射过程受到均匀来流的影响。图 3-14 给出了运用 LEE、APE 以及 IAPE 方程计算得到的结果和真解的比较，在这种情况下，三种控制方程计算结果均能够和真解吻合。

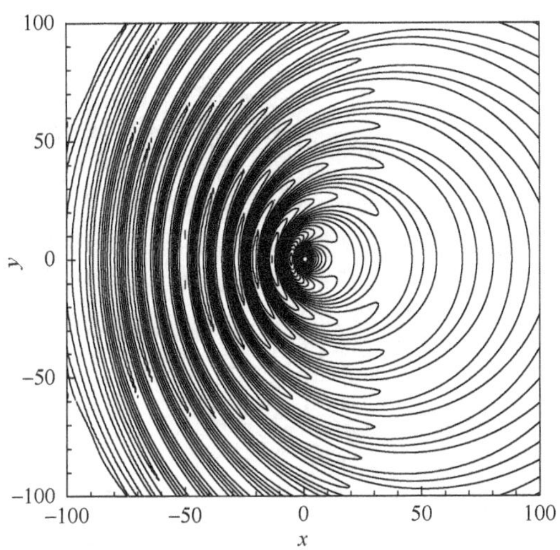

图 3-13　无量纲时间 T=180 时刻的压强等值线

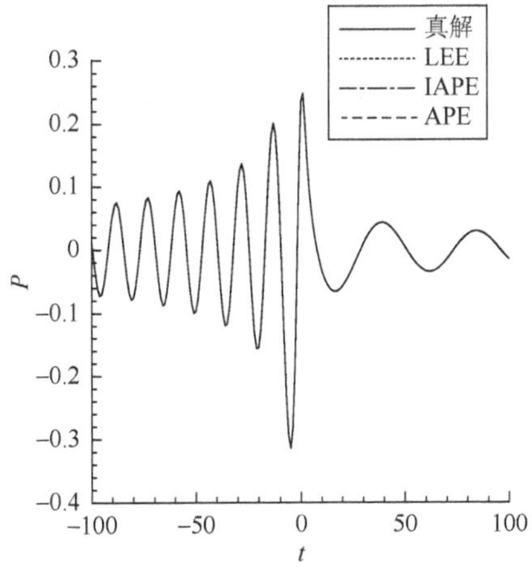

图 3-14　计算结果与真解的比较

3.5.5 单极子声源在剪切流中的声辐射问题

本节进一步验证 IAPE 方程模拟单极子声源在剪切流中的辐射问题。剪切来流的速度型为：$\overline{u}(y)=\Delta u\tanh(2y/\delta_{\omega})$[25]。峰值速度取为 $\Delta u=0.5c_{\infty}$，δ_{ω}为剪切层厚度。单极子声源S的表达式为式(3.53)。

图 3-15 给出了 δ_{ω}=50 时的压强等值线，与图 3-13 相比，声辐射受到剪切流

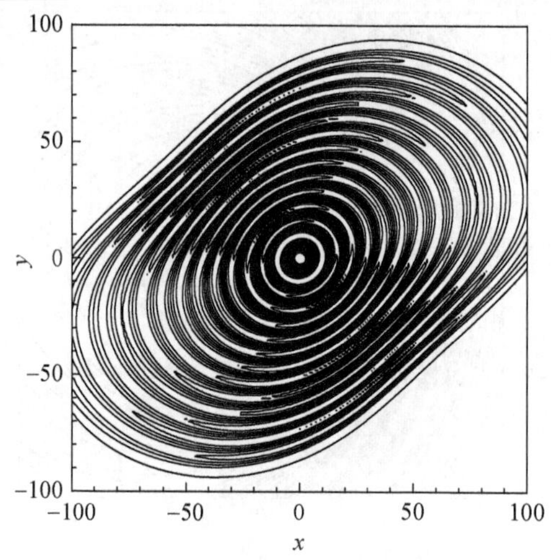

图 3-15　单极子源声辐射的压强等值线

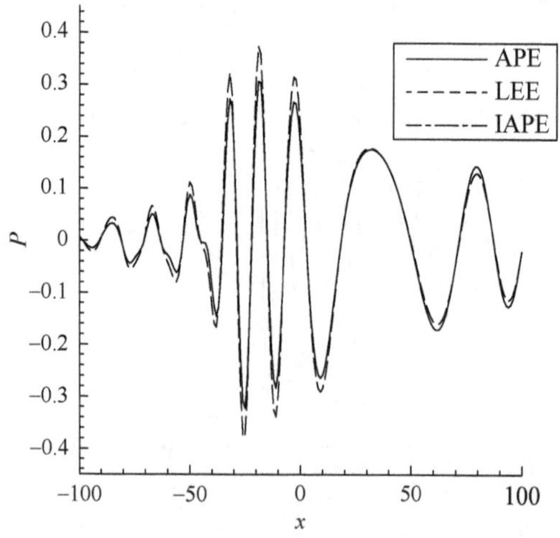

图 3-16　不同控制方程计算得到的压强值对比

的影响更大一些。图 3-16 给出了 δ_ω=10 情况下沿着 y=70 采用三种不同控制方程计算得到的压强变化，这又验证了 IAPE 的计算结果能和 LEE 方程的结果吻合。

3.6　非均匀流对气动声传播的影响

本节针对声传播问题，采用上面提到的 LEE 和 APE 方程，进一步研究非均匀流场对声波传播的影响[72]。为研究这种影响，本节选取四种不同的非均匀流速度型，主要包括：

Case1：双曲剪切流速度型[73]（HTP1），在 y=0 时，对流速度为 0：

$$u_0(y)=0.125c_0\tanh(2y/\delta_\omega) \tag{3.54}$$

其中，c_0 为声速；$\delta_\omega=4r_0$ 为涡厚度，r_0 为两个涡之间距离的一半。

Case2：两个平行流之间的双曲剪切速度型[74]（HTP2）：

$$u_0(y)=(U_1+U_2)/2+[(U_1-U_2)/2]\tanh[2y/\delta_\omega(0)] \tag{3.55}$$

其中，$\delta_\omega(0)$ 为初始涡厚度；$U_1=40\mathrm{m\cdot s^{-1}}$；$U_2=160\mathrm{m\cdot s^{-1}}$。

Case3：亚声速喷流的 Bickley 速度型[75]（BP）：

$$u_0=\frac{0.5c_0}{\cosh^2[(1+\sqrt{2})y/b]} \tag{3.56}$$

其中，半宽度 $b=10$。

Case4：亚音速流对应的双曲剪切速度型[75]（HTP3）：

$$u_0(y)=0.5c_0\left(1.0+\tanh\{(H/2\delta_\theta)[1-(|y|/H)]\}\right) \tag{3.57}$$

其中，H 为剪切层厚度；δ_θ 为动量厚度。

采用以上四个不同的速度型，可以发现声波在剪切流中传播情况，也可以检验对声源指向模式的折射影响。

3.6.1　二维高斯波问题

二维高斯波的初始状态由式（3.45）计算得到，自由来流的马赫数为 0.5，速度型采用前面提到的 HTP1、HTP2、HTP3 及 BP。

Case1：

采用速度型 HTP1，求解 LEE 和 APE 方程，研究非均匀流对高斯波传播过程的影响。图 3-17 给出了沿着 x 轴方向的压强等值线和压力信号。从图 3-17 可知，由于对流与折射的影响，压强等值线发生了变形，其原因主要是由于非均匀流流速是大于零的(当 $y>0$ 时)；而当 $y<0$ 时，流速是小于零的。从数值模拟技术角度，可以看出 APE 和 LEE 都能预测出非均匀流的主要特征，LEE 方程的数值结果中沿着 x 轴方向存在 2 个小的闭环，这是由于 x 轴两侧的强压力波变形导致的。由图 3-17(c)的对比可以得到，压力波左侧的峰值几乎一样，而右侧的峰值存在差别，即 APE 的数值结果略小于 LEE 的值。这种差别也可以从它们各自的方程中发现，LEE 方程中包含了源项 H。

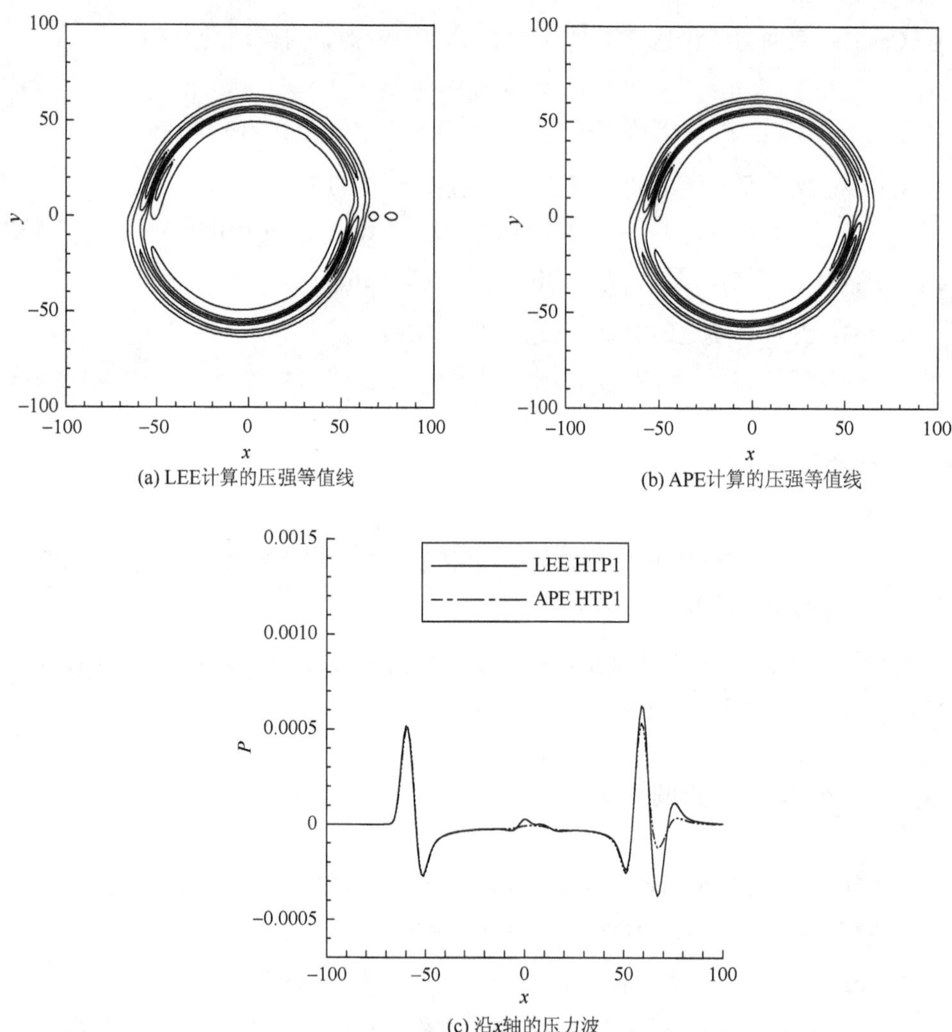

(a) LEE计算的压强等值线　　(b) APE计算的压强等值线

(c) 沿x轴的压力波

图 3-17　Case1 情况下第 500 个时间步的压强等值线和沿 y=0 的压力波

Case2：

采用 HTP2 速度型再次检验非均匀流的影响。图 3-18 给出了第 500 个时间步压强等值线和沿 x 轴的压力脉动信号。与图 3-17 相比，图 3-18(a)、图 3-18(b)中的等值线形状不规则，波阵面以 100m/s 的速度从左向右移动。这种情况下的影响和 Case1 情况下的影响几乎相同。

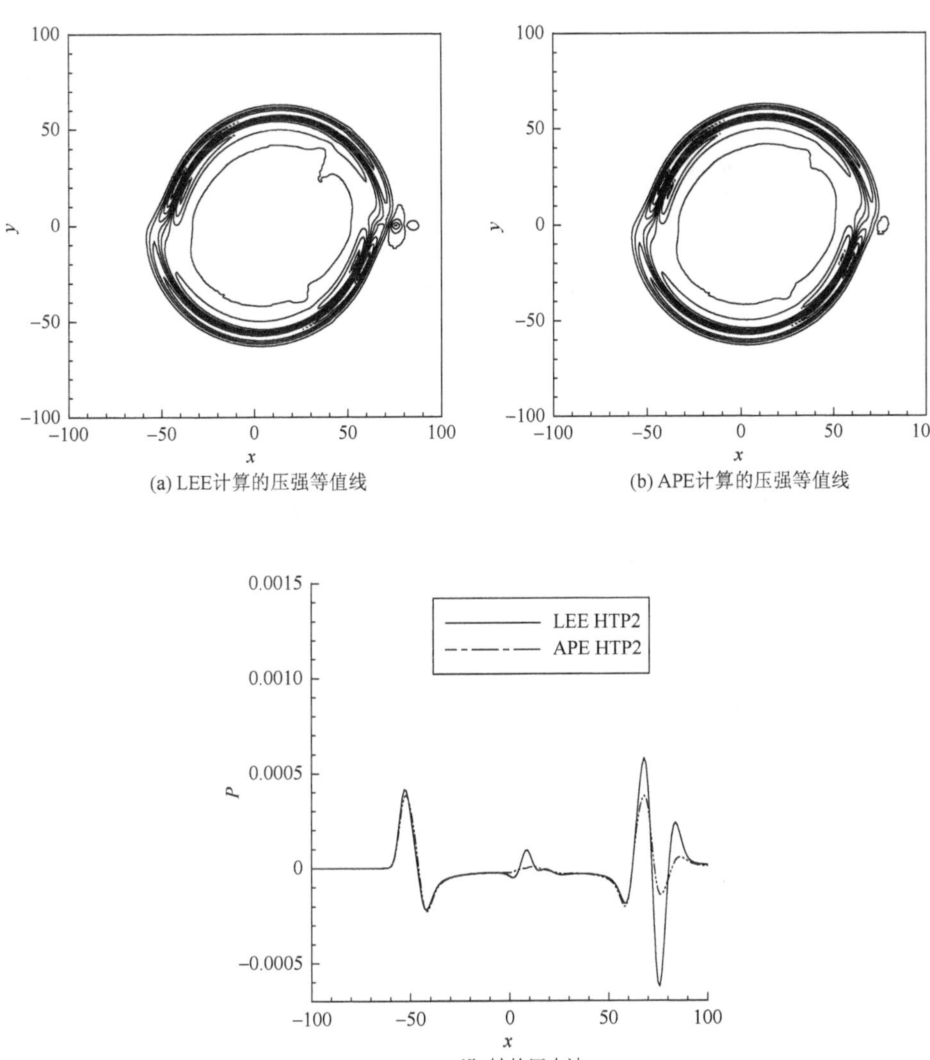

(a) LEE计算的压强等值线

(b) APE计算的压强等值线

(c) 沿x轴的压力波

图 3-18　Case2 情况下第 500 个时间步的压强等值线和沿 y=0 的压力波

Case3：

图 3-19 给出的压强等值线和压力波是采用 Bickely 速度型计算得到的结果，从此图可以看到沿 x 轴的对称压力波。特别地，沿着喷出的非均匀流方向存在较强的压力波，同时，也存在弱的压力波传播。由图 3-19(c)中 x 轴方向的压力信号，可清楚地看到，左边的波较强，右边的波偏弱。值得注意的是，由于 LEE 中的源项 H 较小，LEE 与 APE 两个模型的计算值区别不大。

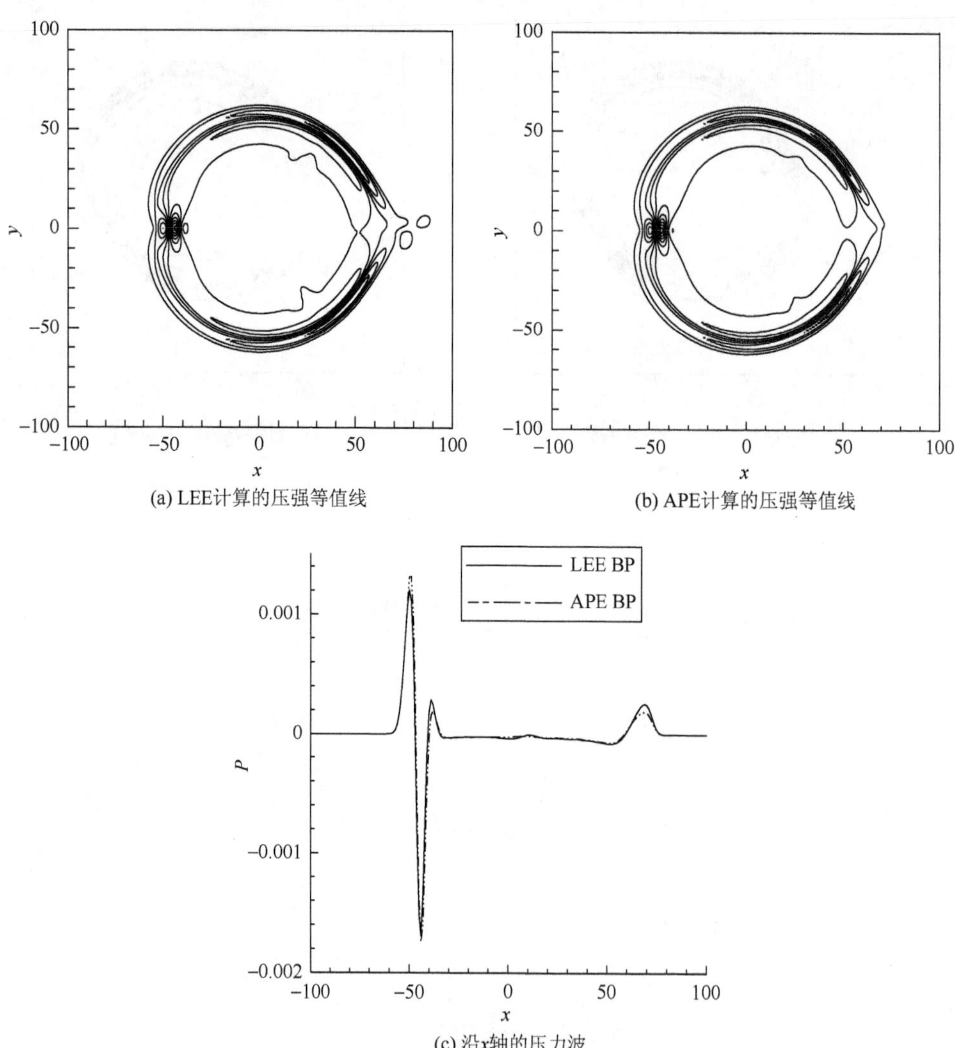

(a) LEE计算的压强等值线

(b) APE计算的压强等值线

(c) 沿x轴的压力波

图 3-19　Case3 情况下第 500 个时间步的压强等值线和沿 y=0 的压力波

Case4：

采用亚音速喷流速度型 HTP3，数值求解 LEE 和 APE 方程。图 3-20(a)、图 3-20(b)给出了压强等值线图，其形状与心形相似。由于较强的喷流存在，它阻碍心形压力波向左传播。同时，两种计算也得到了一些小的形状不同的闭环。两种计算结果的区别也存在于沿 x 轴的压力脉动信号中，这可能是因为 APE 方程

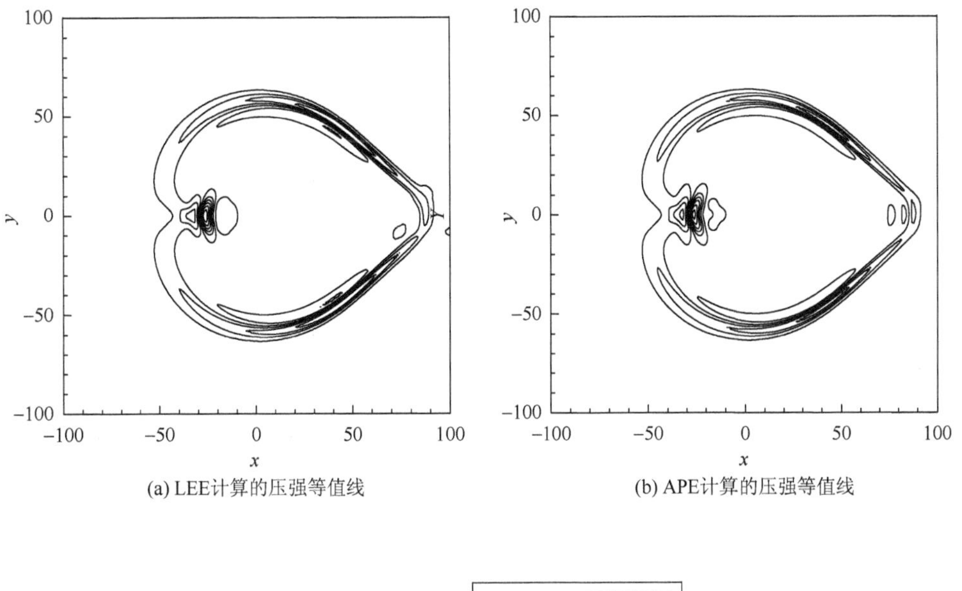

(a) LEE计算的压强等值线　　(b) APE计算的压强等值线

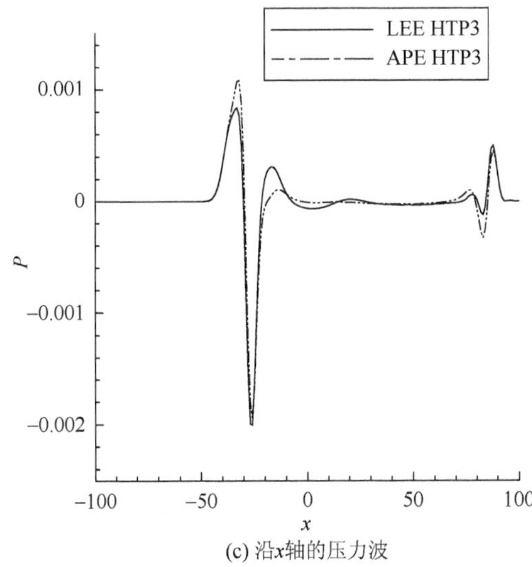

(c) 沿x轴的压力波

图 3-20　Case4 情况下第 500 个时间步的压强等值线和沿 y=0 的压力波

中忽略了源项 H。图 3-21 给出了(50, 50)位置处的压力信号，LEE 计算得到的正压峰值大于 APE 的结果，而其负压峰值小于 APE 的峰值。

由以上四种情况可知：①非均匀流对声波的传播产生了很大影响；②APE 模型能较好地模拟声波在喷流中的传播，然而会低估它在剪切流中的压力信号；③非均匀流对声波的影响最可能发生在速度梯度变化大的地方，它会使原来的压力信号变强或变弱。

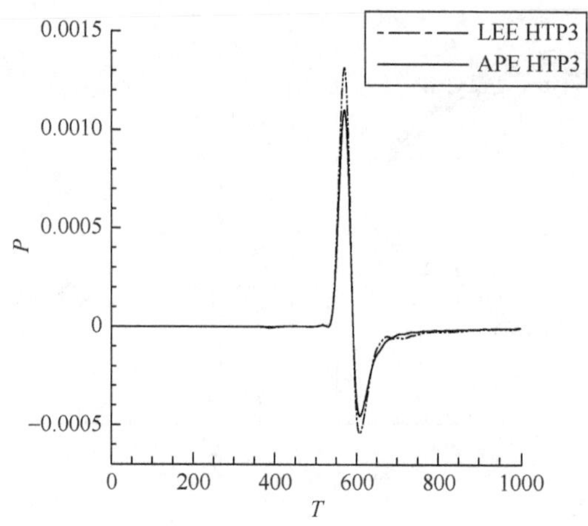

图 3-21 Case4 情况下(50, 50)位置处的压强随时间变化

3.6.2 高斯波的壁面反射问题

为进一步研究非均匀流对声传播的影响，接下来利用 LEE 和 APE 模型数值模拟高斯波的壁面反射情况。速度型采用 3.6.1 节中 Case3 与 Case4，壁面在 y=0 处，初始条件为

$$u=0,\quad v=0,\quad p=\rho=0.01\exp\left\{-\ln 2\left[\frac{x^2+(y-20)^2}{3^2}\right]\right\} \tag{3.58}$$

图 3-22、图 3-23 给出了两种模型计算得到的第 500 个时间步所对应的压强等值线。如图 3-22(a)、图 3-22(b)所示，计算的高斯波迅速扩展，并较快地到达壁面处，产生反射，形成两个非圆形的波脉动。图 3-22(c)、图 3-23(c)给出了沿 $x=y$ 的第 500 个时间步对应的压力波。由图可知，由于非均匀流的对流影响，两种模型计算得到的峰值压强降低，压力波的相位也有所不同。

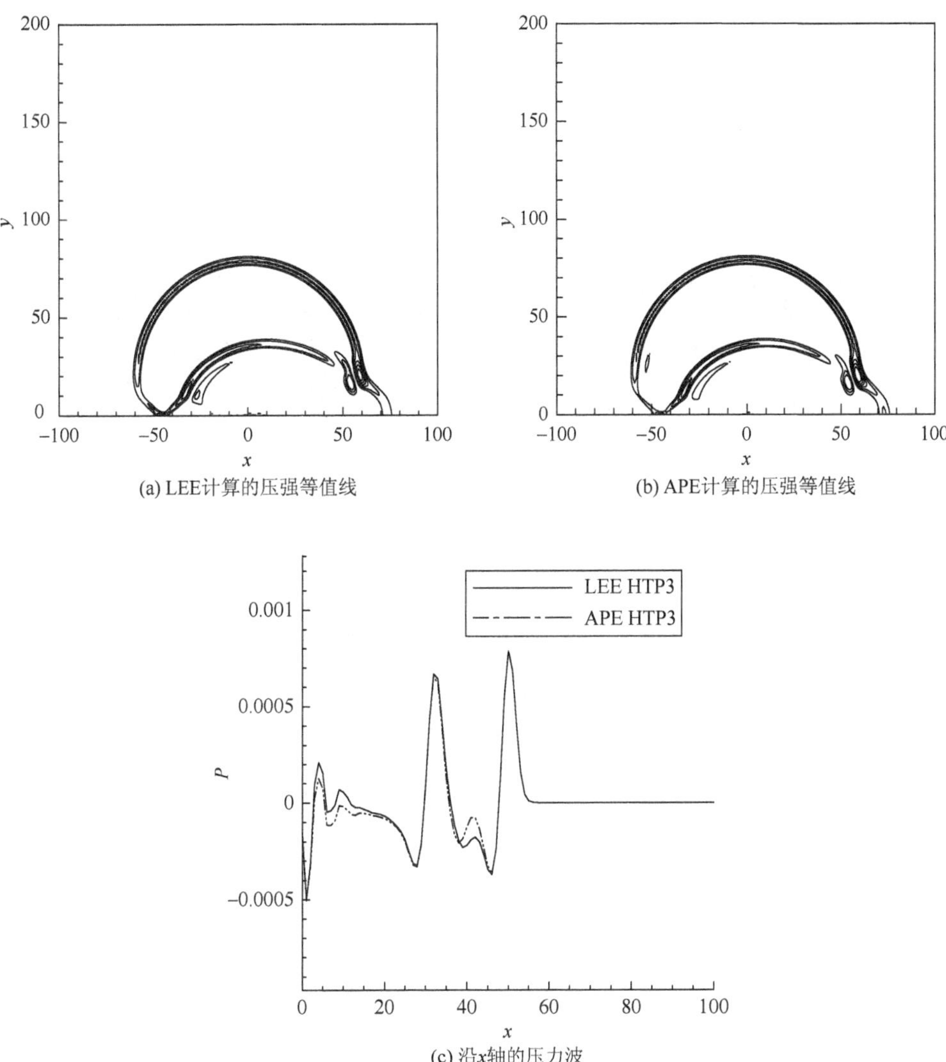

(a) LEE计算的压强等值线

(b) APE计算的压强等值线

(c) 沿x轴的压力波

图 3-22　Case4 情况下第 500 个时间步的压强等值线和沿 y=0 的压力波

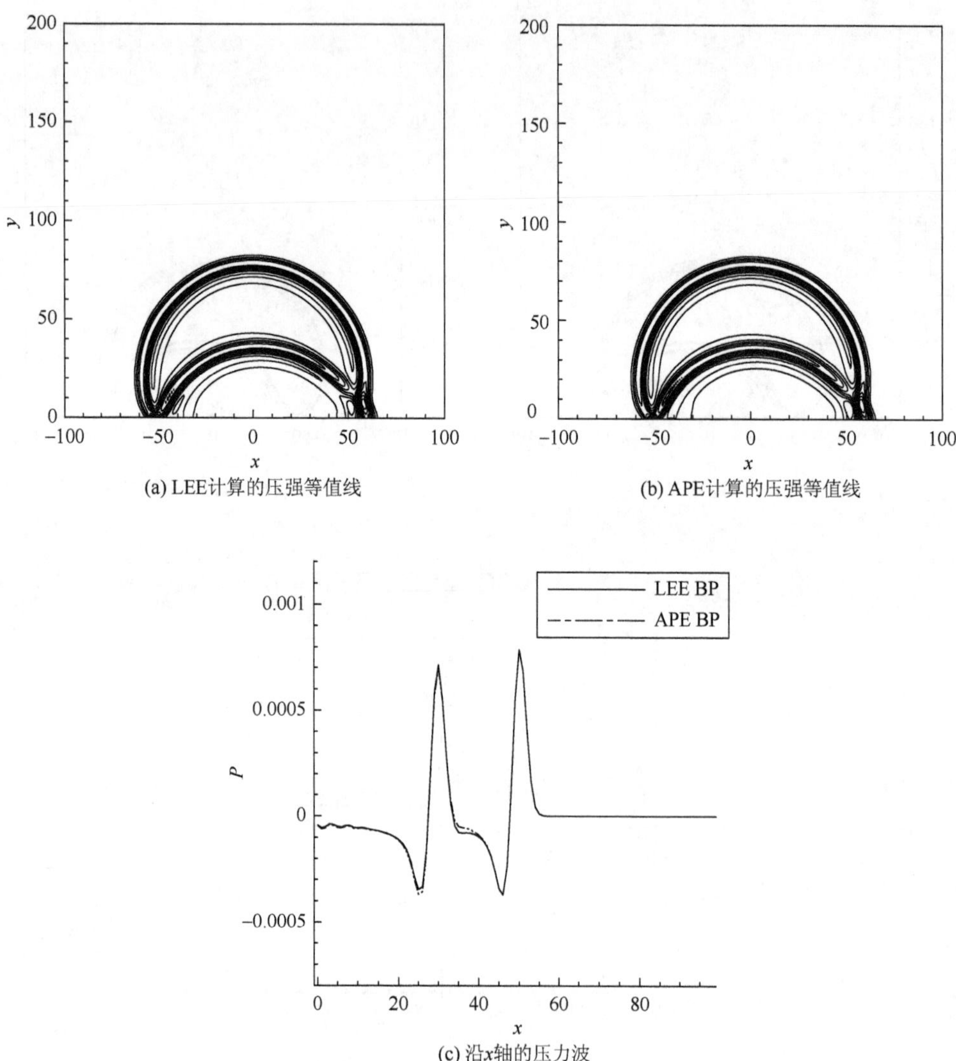

(a) LEE计算的压强等值线　　(b) APE计算的压强等值线

(c) 沿x轴的压力波

图 3-23　Case3 情况下第 500 个时间步的压强等值线和沿 y=0 的压力波

第 4 章　基于格子 Boltzmann 方法的气动声学计算方法

4.1　引　　言

格子 Boltzmann 方法(LBM)，不仅在计算流体力学领域中产生了深远的影响，它所使用的处理方法和观点对其他学科也是富有启发性的。

尽管 LBM 在计算流体力学领域中已得到较多应用，但它在计算气动声学领域中的研究与应用相对较晚。近几年，在 CAA 研究领域，LBM 正逐渐受到国外研究者的足够重视，Buick 等[35]运用 LBM 解决无黏性的声传播问题，然后，Dellar 等[36]运用该方法求解含有黏性的声传播问题。Marié 等[40]分析研究了 LBM 的一些特性，并进行模态分析。基于经典声学问题，Li 等[41]研究了修正的 LBM 格式精度。然而国内运用 LBM 处理气动声学问题的研究比较少见。众所周知，声波从声源到远场的传播是一个长时间、长距离的过程，要准确模拟这个过程就需要低耗散、低色散的数值格式，因此，低色散和低耗散特性是数值模拟声波必须保证的两个特性。本书首先通过模拟二维高斯声波传播问题，并与真解比较，进行色散与耗散特性分析。当声波传播过程中遇到固体壁面时，LBM 模拟声波反射的能力也需要进一步的研究，目前这方面的详细讨论并不多，本书将选取这方面的经典算例，验证 LBM 的有效性，并与传统的低色散保持(DRP)格式进行比较，为将来研究复杂物体产生气动噪声的模拟奠定基础。

4.2　格子 Boltzmann 方法

基于 BGK 碰撞模型[54, 55]的标准格子 Boltzmann 方程可以写成如下形式：

$$
\begin{aligned}
&f_\alpha(x+e_{\alpha x}\delta t, y+e_{\alpha y}\delta t, t+\delta t)-f_\alpha(x,y,t)\\
&=\frac{f_\alpha^{\mathrm{eq}}(x,y,t)-f_\alpha(x,y,t)}{\tau}\delta t
\end{aligned}
\tag{4.1}
$$

其中，f_α 为 $\alpha(\alpha=0,1,\cdots,M)$ 方向上的粒子分布函数；M 为粒子碰撞方向的个数；f_α^{eq} 为局部平衡分布函数；δt 为时间步长；$e_\alpha(e_{\alpha x},e_{\alpha y})$ 为粒子的离散速度。

τ 为松弛时间，它可以用黏性 ν、温度 T 和时间步长来表示：

$$\tau=\frac{\nu}{T}+\frac{\delta t}{2} \tag{4.2}$$

宏观的物理量可以由式(4.3)求出：

$$\rho(x,y,t)=\sum_{\alpha=0}^{M}f_\alpha(x,y,t),\quad \rho u(x,y,t)=\sum_{\alpha=0}^{M}f_\alpha(x,y,t)e_\alpha \tag{4.3}$$

压力 p 可直接由理想气体状态方程得到。

4.3　粒子速度模型

离散速度模型采用 D2Q9 模型[56]：

$$e_\alpha=\begin{cases}(0,0), & \alpha=0\\ (\cos\theta_\alpha,\sin\theta_\alpha)c,\theta_\alpha=(\alpha-1)\pi/2, & \alpha=1,2,3,4\\ \sqrt{2}(\cos\theta_\alpha,\sin\theta_\alpha)c,\theta_\alpha=(\alpha-5)\pi/2+\pi/4, & \alpha=5,6,7,8\end{cases} \tag{4.4}$$

其中，c 为声速。

平衡态分布函数为

$$f_\alpha^{\mathrm{eq}}(\rho,u)=w_\alpha\rho\left[1+\frac{3(e_\alpha u)}{c^2}+\frac{9(e_\alpha u)^2}{2c^4}-\frac{3u^2}{2c^2}\right] \tag{4.5}$$

$$w_\alpha=\begin{cases}4/9, & \alpha=0\\ 1/9, & \alpha=1,2,3,4\\ 1/36, & \alpha=5,6,7,8\end{cases} \tag{4.6}$$

其中，w_α 为权系数。

4.4　边 界 条 件

基于 Chen 等[49]的外插格式和 Zou 等[52]的非平衡反弹格式，Guo 等[53]提出了一种非平衡外插格式。其基本思想是，把边界点处的分布函数分解为平衡状态和非平衡状态，然后，运用相邻的内部点处非平衡分布逼近边界点处的非平衡状态（一阶外插）。

假定 O 为边界节点，B 为点 O 最近的相邻内点。在碰撞之前，壁面点 O 处的分布函数 $f_\alpha\big|_{(O,t)}$ 可以写成

$$f_\alpha\big|_{(O,t)} = f_\alpha^{\text{eq}}\big|_{(O,t)} + f_\alpha^{\text{neq}}\big|_{(O,t)} \tag{4.7}$$

采用壁面处的物理量计算平衡部分 $f_\alpha^{\text{eq}}\big|_{(O,t)}$，如果壁面点 O 处存在未知的物理量，则可把 B 点处的物理量直接赋值给 O 处。例如，若 $\rho\big|_{(O,t)}$ 未知，则 $f_\alpha^{\text{eq}}\big|_{(O,t)}$ 可以按以下公式计算：

$$f_\alpha^{\text{eq}}\big|_{(O,t)} = f_\alpha^{\text{eq}}(\rho\big|_{(B,t)}, u\big|_{(O,t)}) \tag{4.8}$$

非平衡部分 $f_\alpha^{\text{neq}}\big|_{(O,t)}$ 可以用点 B 处的 $f_\alpha^{\text{neq}}\big|_{(B,t)}$ 进行逼近：

$$f_\alpha^{\text{neq}}\big|_{(B,t)} = f_\alpha\big|_{(B,t)} - f_\alpha^{\text{eq}}(\rho\big|_{(B,t)}, u\big|_{(B,t)}) \tag{4.9}$$

联合以上两部分，壁面点 O 处的分布函数可以写为

$$f_\alpha\big|_{(O,t)} = f_\alpha^{\text{eq}}\big|_{(O,t)} + [f_\alpha\big|_{(B,t)} - f_\alpha^{\text{eq}}\big|_{(B,t)}] \tag{4.10}$$

远场无反射边界条件采用吸收层边界条件[41]，在吸收区域内，粒子分布函数满足以下方程：

$$\frac{\partial f_\alpha}{\partial t} + e_\alpha \nabla f_\alpha + \sigma(f_\alpha^{\text{eq}} - F) = -\frac{1}{\tau}(f_\alpha - f_\alpha^{\text{eq}}) \tag{4.11}$$

其中，σ 为吸收系数；F 为平衡分布函数的目标函数。

4.5　顶盖驱动方腔流动模拟

为检验 LBM 代码的有效性，选取该常用经典算例进行验证。模拟中初始密度为 1，顶盖驱动的速度为 0.1，网格采用均匀等距网格，基于方腔长度和顶盖速度的雷诺数分别取为：100 和 1000 两种情况进行模拟。图 4-1 分别给出雷诺数 100、1000 情况的流线，能够很清楚地看到主、次涡的分布。表 4-1 给出了主涡位置的

比较，目前结果能和文献结果保持一致。通过该算例的模拟，表明本书中程序模拟流动的有效性及可行性，为下一步气动声学模拟奠定基础。

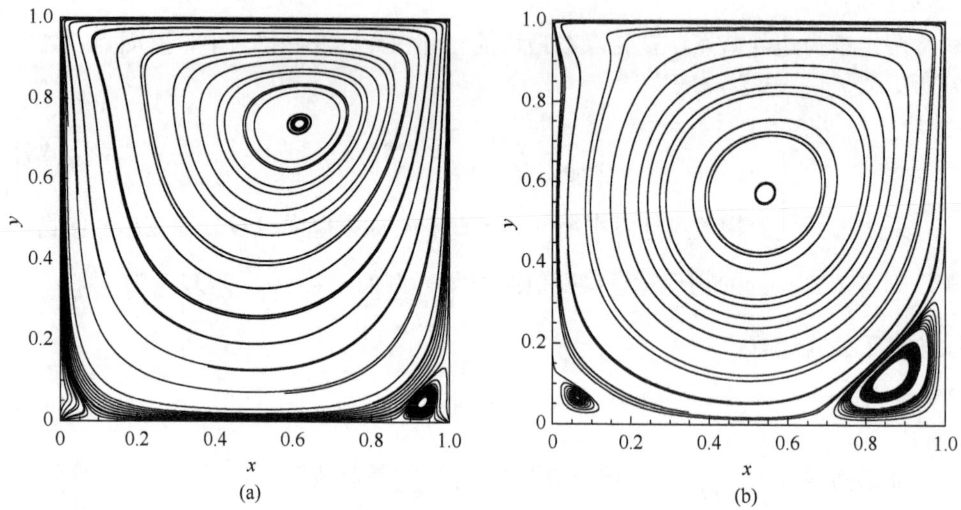

图 4-1 雷诺数为 100 与 1000 所对应的顶盖驱动空腔流线

表 4-1 雷诺数为 100 与 1000 所对应的主涡中心位置的比较

Re	参考值	本书结果
100	(0.61，0.73)	(0.6172，0.7375)
1000	(0.53，0.56)	(0.5421，0.5725)

4.6 二维高斯波模拟及黏性对声压的影响

为验证 LBM 方法的色散特性及黏性对声压的影响，选取二维高斯波的模拟为研究对象。采用均匀网格 $(x,y)=[0,256]\times[0,256]$，远前方来流速度为 0。该问题的真解为

$$C_p(x,y,t)=\frac{1}{2\beta}\int_0^{\infty}\exp\left(-\frac{\xi^2}{4\beta}\right)\cos(\xi t)J_0(\xi\eta)\xi\mathrm{d}\xi \tag{4.12}$$

其中，$\beta=(\ln 2)/9$；$\eta=[(x-128)^2+(y-128)^2]^{0.5}$；$J_0$ 为第一类 0 阶 Bessel 函数。

初始高斯波表达式为

$$u=0,\quad v=0,\quad p=\rho=0.1\exp\left\{-\ln 2\left[\frac{(x-128)^2+(y-128)^2}{3^2}\right]\right\} \tag{4.13}$$

为防止数值不稳定性，LBM 中黏性影响不能忽略掉，雷诺数设置为 Re=10000（$Re=\rho_\infty c_\infty \Delta x/\mu_\infty$）。

图 4-2 给出了无量纲时间 70 与 200 的压强等值线。由图可知，波形随着时间的增加逐渐增大。图 4-3 给出了 LBM 计算得到的沿着 x 轴的初始压力波形与其相应的分析解的比较，可以看出，计算结果与分析解能够吻合。正如图 4-4 所示，在 T=70 时刻，能够看到 N-型波。

在应用 LBM 模拟这种无黏问题时，黏性系数的设置是一个重要问题，图 4-4 分析了黏性对 LBM 计算结果的影响。由图 4-4 可知，给定不同的雷诺数，计算得到的压强峰值也不同。为更好地逼近真解，LBM 中的黏性系数应尽可能地小，也即需要给定一个较大的雷诺数，图 4-4 中的图(b)为图(a)的局部放大（$x\in[165,230]$），这进一步验证了这种黏性设置方法的有效性，特别地，由这个局部放大图可清楚地看到，雷诺数为 10000 与 100000 时计算得到的压强峰值几乎相同。与真解相比，表 4-2 给出了 T=0 和 T=70 时刻沿着 x 轴的压强范数比较，LBM 计算得到的结果比较精确。

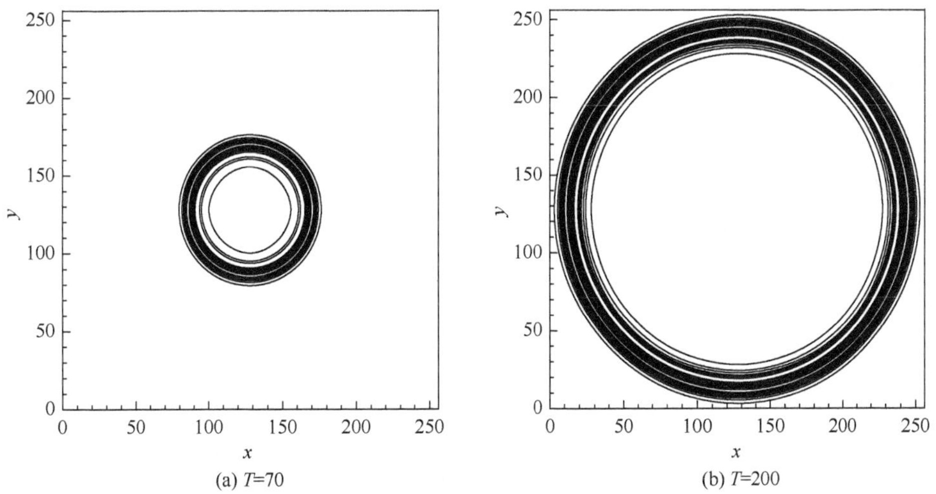

(a) T=70　(b) T=200

图 4-2　T=70 及 T=200 时刻的压强等值线

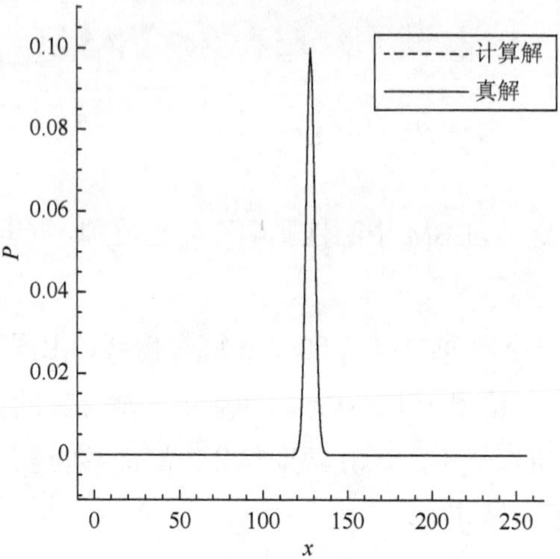

图 4-3　沿着 x 轴 T=0 时刻的压强波形比较(真解与计算解)

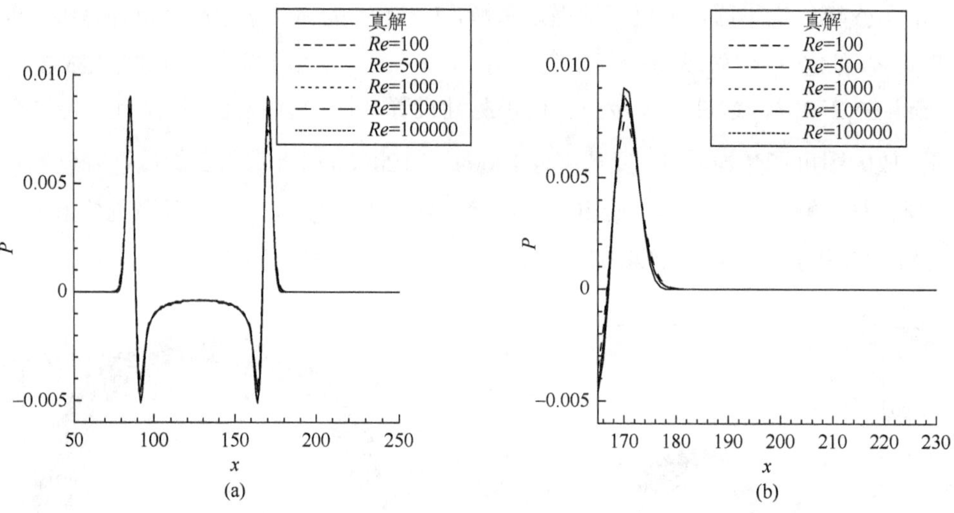

图 4-4　沿着 y=0 在 T=70 时刻不同雷诺数下的压强波形比较(图(b)为图(a)的局部放大)

表 4-2　真解与计算解的范数比较(*T*=0 及 *T*=70 时刻)

$\|L_p\|=\left(\frac{1}{n}\sum(\tilde{p}-\tilde{p}_e)^p\right)^{\frac{1}{p}}$	L_1	L_2
T=0	0.000000	0.000007
T=70	0.000003	0.000158

4.7　二维高斯波壁面反射

为检验壁面边界条件以及 LBM 模拟声波壁面反射的能力，选取二维高斯波壁面反射问题为研究对象。计算网格采用均匀网格，计算区域为：$(x,y)=[0,256]\times[0,256]$。初始波动为

$$u=0,\quad v=0,\quad p=\rho=0.1\exp\left\{-\ln 2\left[\frac{(x-128)^2+(y-32)^2}{5^2}\right]\right\} \tag{4.14}$$

如 4.6 节所示，雷诺数设置为 10000。图 4-5 给出了不同雷诺数下沿着 $x-y=128$ 的压强波形，以及黏性对计算结果的影响。与 4.6 节的结论类似，为更好地逼近真解，LBM 中的黏性系数应尽可能地小，也即需要给定一个较大的雷诺数。表 4-3 给出了 LBM 计算解与真解的 L_1 及 L_2 范数，与传统的 DRP 格式相比，LBM 计算解的 L 范数较小。

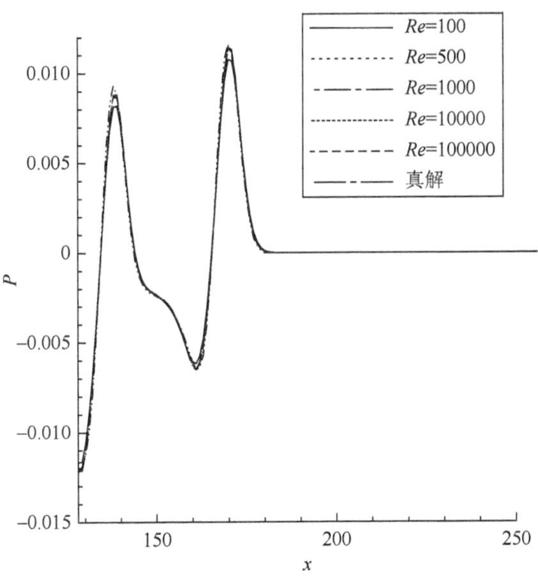

图 4-5　沿着 $x-y=128$ 的压强波形比较(真解与 LBM 计算解)

表 4-3 T=70 时刻 LBM 与 DRP 格式计算解的范数比较

$\|L_p\| = \left(\frac{1}{n}\sum(\tilde{p}-\tilde{p}_e)^p\right)^{\frac{1}{p}}$	L_1	L_2
LBM	0.000010	0.000254
4 阶 DRP 格式	0.000130	0.000938

4.8 振荡活塞声辐射问题模拟

本节选取较复杂的经典问题——振荡活塞声辐射问题进行数值模拟，从而进一步检验 LBM 模拟物体振荡产生噪声的能力。图 4-6 给出了研究问题的计算区域和壁面边界情况，计算区域为：$0 \leqslant x \leqslant 100$，$0 \leqslant r \leqslant 100$，活塞半径为 10，活塞的运动速度为

$$u = 10^{-4}\sin\left(\frac{\pi t}{5}\right) \tag{4.15}$$

活塞的中心位于 $r=0$ 处。为更好地进行比较，图 4-7 直接取自文献[7]中，该图中实线代表传统 4 阶 DRP 格式计算得到的结果，由此图计算区域的左侧可以看出，DRP 的计算解中产生了数值振荡，特别是在活塞区域计算解还出现了间断。图 4-8 给出了 LBM 计算得到的 p=0 时的声压等值线，与文献[7]中的图 4-7 相比，LBM 的计算结果比较满意，计算解中没有出现振荡和间断现象。图 4-9 为活塞振荡初始阶段沿着活塞对称轴的声压变化情况，LBM 的计算解和分析解比较接近，验证了 LBM 模拟这种振荡产生气动噪声问题的能力。

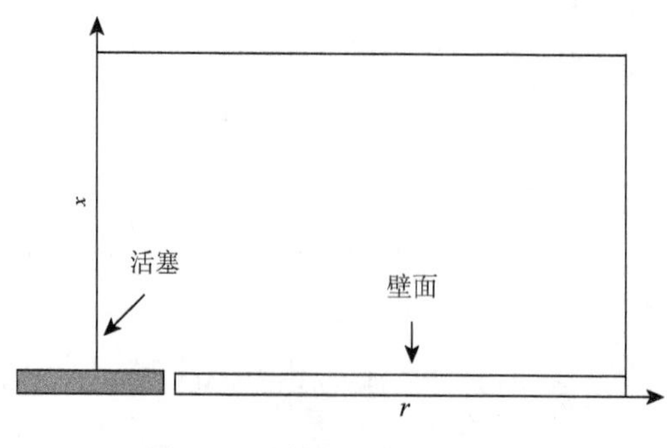

图 4-6 计算区域与壁面边界

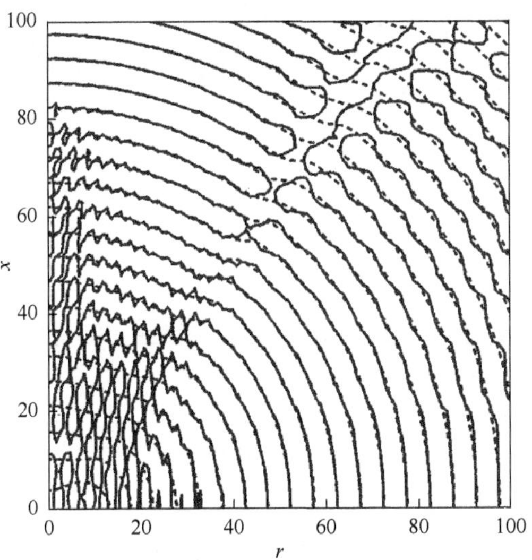

图 4-7　声压等值线(p=0)(取自文献[7])

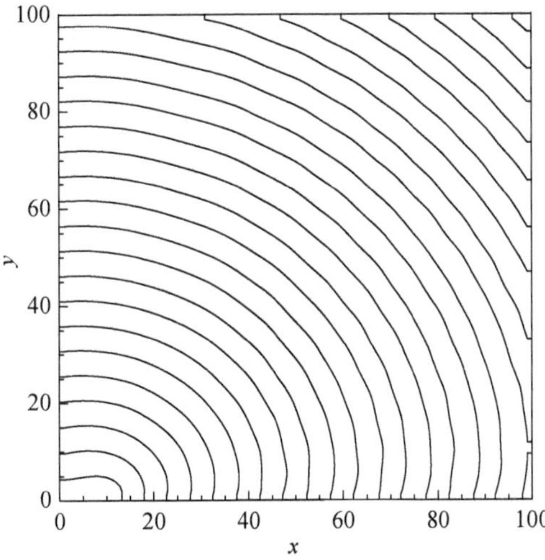

图 4-8　LBM 计算得到的声压等值线(p=0)

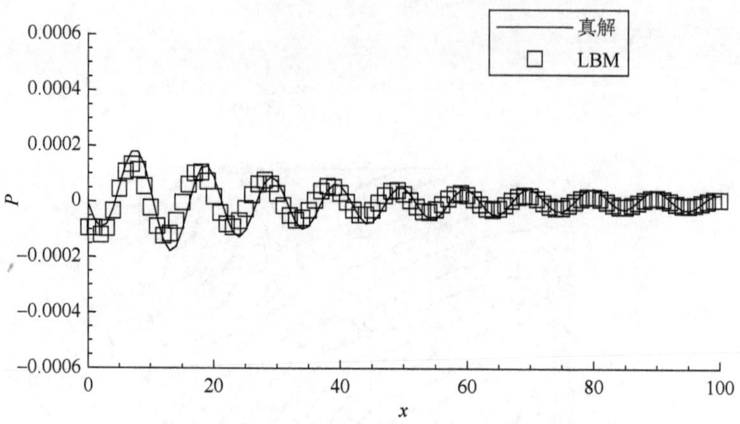

图 4-9　振荡初始阶段沿着活塞对称轴的声压分布比较

4.9　方柱涡脱落噪声模拟

采用 LBM 数值研究了方柱涡脱落产生的噪声问题。方柱绕流是一个基本的流体力学问题，有关这方面的研究仍是一个热点。在数值模拟中，来流的马赫数为 Ma=0.2，雷诺数为 Re=150，雷诺数是基于来流速度 U_∞、方柱高度 D 以及运动黏性 v 。图 4-10 给出了该了问题的计算区域。方柱位于计算区域的中心，方柱与远场边界的距离为 40D。

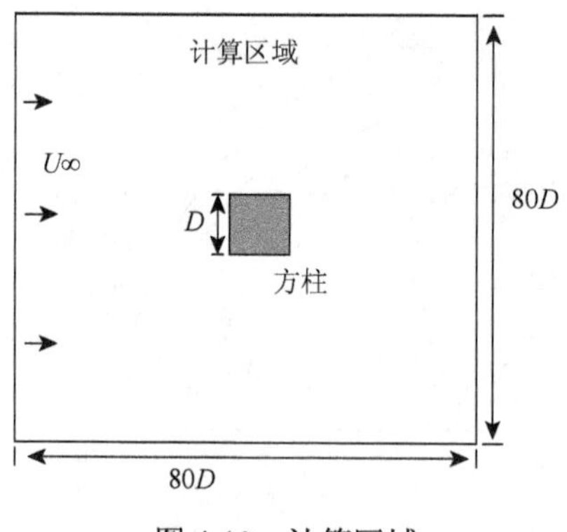

图 4-10　计算区域

4.9.1　吸收边界条件的改进

在传统的 N-S 数值模拟时，通过在 N-S 方程中添加耗散项和色散项，来实现对非物理波的吸收。在 LBM 中，在给定的吸收区域内，通过边界处设置预定流动来抑制非物理的扰动。预定流动被认为是一种目标流动。LBM 的控制方程中添加这种目标流动函数 F，然后得到

$$\frac{\partial f_\alpha}{\partial t} + e_\alpha \nabla f_\alpha + \sigma(f_\alpha^{\mathrm{eq}} - F) = -\frac{1}{\tau}(f_\alpha - f_\alpha^{\mathrm{eq}}) \tag{4.16}$$

其中，$\sigma = (r/R)^\beta$；r 为吸收区域内当地网格点与计算区域中心的距离；R 为远场边界点与计算区域中心的最大距离；β 为修正参数。添加项 $\sigma(f_\alpha^{\mathrm{eq}} - F)$ 与文献[47]中类似，但是 σ 的计算方法不同。本书中给定的 σ 可以用来计算复杂气动噪声问题。F 为目标分布函数，通常选取远场的均匀流 $(\rho_\infty, \delta U_\infty, V_\infty)$ 作为预定目标，δ 为修正因子，取值为 0.1～1.0 的数，可以根据不同问题进行选择。如图 4-11 所示，灰色区域为给定的吸收区域。O 为计算中心，$\bar{R}$ 为非吸收区域的半径。

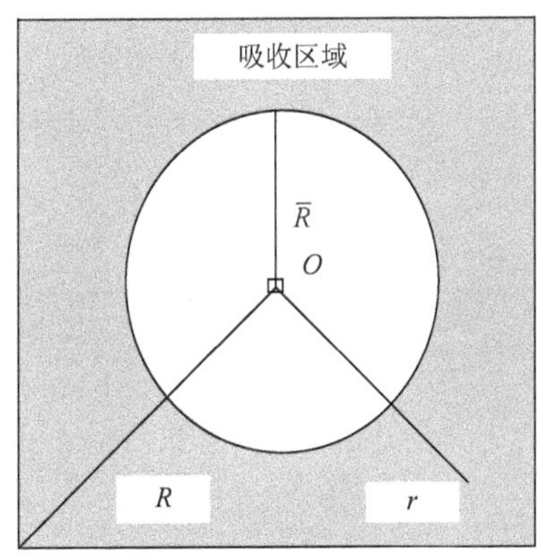

图 4-11　吸收区域

4.9.2　流场计算验证

采用标准的 BGK-LBM 模型来模拟方柱绕流问题。计算网格采用均匀网格，网格声速取为 1，即网格步长 Δx 等于时间步长。计算区域为：$0 \leqslant x \leqslant 40$，$0 \leqslant y \leqslant 40$，方柱每个边给定 20 个网格点。计算区域的上部、底部以及入流边界，向内的密度分布函数采用来流的物理值进行计算，出口边界采用非平衡外插格式。

为抑制远场边界处的非物理扰动，采用本书中改进的吸收边界条件。计算中 R 取为 40，$\bar{R}$ 取为 30，β 取为 3。运用不同的空间、时间步长，表 4-4 给出了网格

对解的影响，其中，C_D'为实验得到的阻力，$C_{\rm Lrms}$为升力的均方根，$C_{\rm Dmean}$为阻力的平均，这些升、阻力系数是通过积分方柱表面的压力以及剪应力而得到的，它们是与时间有关的。在随后的声学模拟中，空间及时间步长取为：$\Delta x=\Delta t=0.05$。在时刻 T=500 时，计算得到的压强等值线及涡量等值线如图 4-12、图 4-13 所示。表 4-4 给出了斯特劳哈尔数、升力均方根、平均阻力与实验结果以及已有文献结果的比较。

表 4-4　LBM 计算得到的气动参数与文献结果比较

	$N_x\times N_y$	Δx	Δt	S_t	$C_{\rm Lrms}$	$C_{\rm Dmean}$	$(C_D-C_D')/C_D'$
Present LBM	400×400	0.1	0.1	0.138	0.302	1.591	13.6%
Present LBM	800×800	0.05	0.05	0.141	0.293	1.432	2.3%
Doolan[57]	—	—	—	0.156	0.296	1.44	2.9%
Sohankar[58]	—	—	—	0.165	0.23	1.44	2.9%
Ali[59]	259×252	—	0.005	0.156	0.307	1.507	7.64%
Ali[59]	520×440	—	0.002	0.160	0.285	1.474	5.3%
Experiment from Okajima[60]	—	—	—	0.148～0.155	—	1.40	—

4.9.3　噪声计算验证

图 4-14 给出了 T=1000 时刻的声压等值线，声压的定义为

$$\Delta p'=\Delta p(x,y,t)-\Delta p_{\rm mean}(x,y) \tag{4.17}$$

其中，Δp 为相对压强，即 $\Delta p=p-p_\infty$；$\Delta p_{\rm mean}$ 为相对压强的平均；p_∞ 为无穷远处压强。由图 4-14 看到，声波从方柱表面，向外部传播。图 4-15 给出 T=1000 时刻平均的脉动压强。图 4-16 给出了位置(x=20，y=27.5)处声压随着时间周期性的变化，清楚地看到，声压信号传播具有周期性，声压的振幅不变。图 4-17 给出了方柱涡脱落噪声辐射的指向性，它是在离计算中心半径为 15D 的圆周上测量得到的，由图 4-17 可发现在 110°及 245°的圆周方向上的偶极子噪声模态。

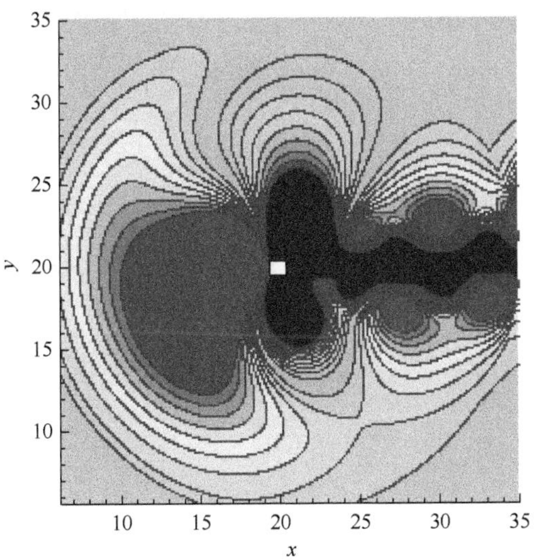

图 4-12　T=500 时刻近场的压强等值线

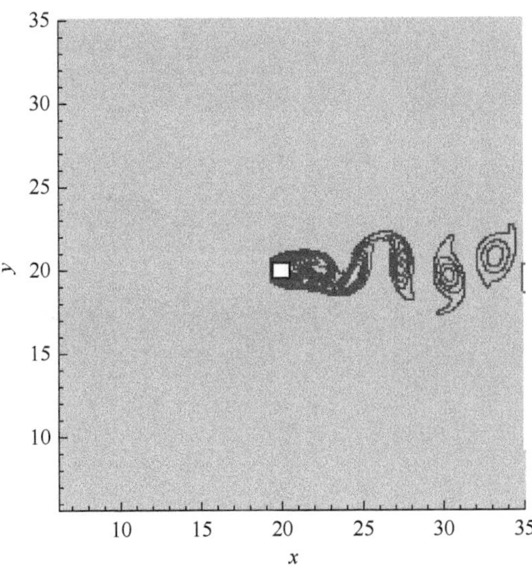

图 4-13　T=500 时刻的涡量等值线

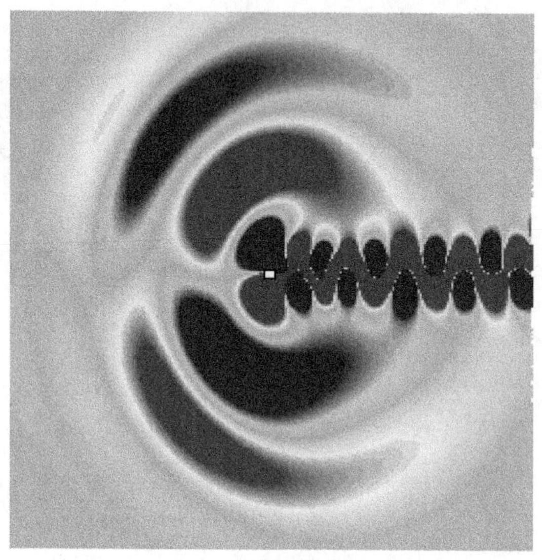

图 4-14　声压等值线(Re=150，Ma=0.2，T=1000)

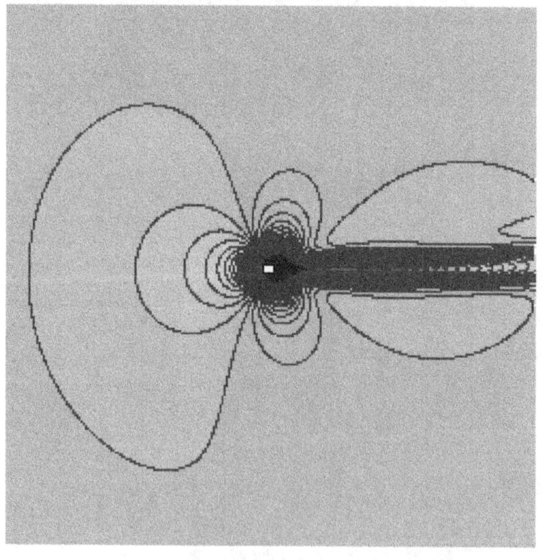

图 4-15　平均压强的等值线(Re=150，Ma=0.2，T=1000)

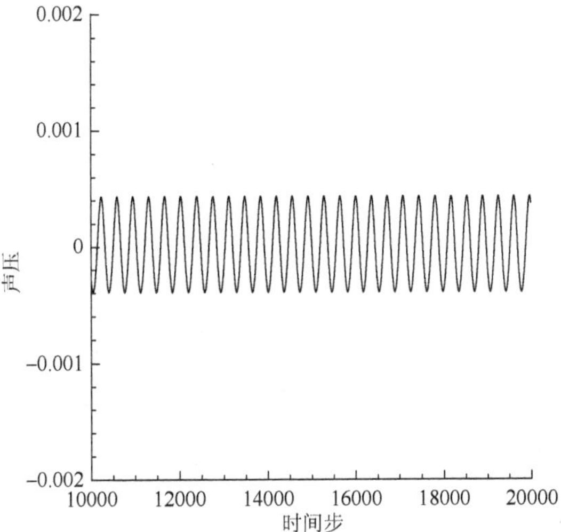

图 4-16　声压信号(x=20，y=27.5)

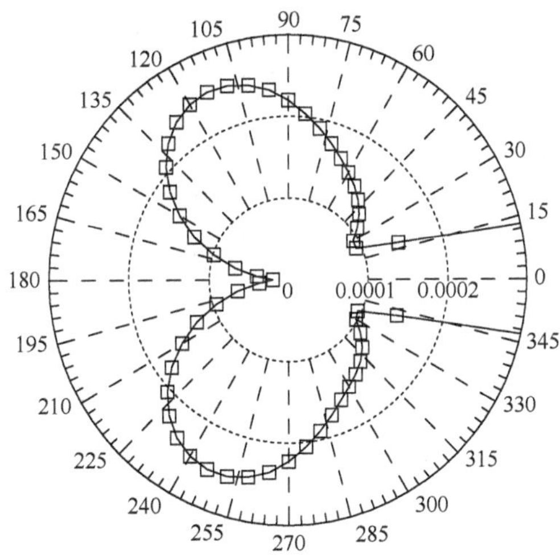

图 4-17　声指向性(Re=150，Ma=0.2)

第5章　FW-H声比拟噪声预测的高级时间方法

5.1　引　　言

1969年Ffowcs Williams和Hawkings在连续性方程和N-S方程的基础上发展了描述静止介质中运动固壁发声的方程，即FW-H方程。FW-H方程将流动对噪声的贡献分为三部分：分布于物面上的单极源、偶极源以及积分面与观察者间三维空间内的非线性四极源，对于远场观察者，接收到的噪声值是三种贡献之和。Farassat将FW-H方程的积分形式进行巧妙变换后得到了适合于亚音、超音情况下的表达式，并获得了相应的解。不过，由于FW-H方法要求积分面是物面或流体不可穿透面，大大限制了该方法的应用。1996年Francescantonio结合Kirchhoff积分方法的特点，推导了新的FW-H方程，该方程同时具备了Kirchhoff积分和FW-H方程的优点，不仅打破了积分面不可穿透的限制，而且积分面可以位于非线性流动区域，这使得FW-H方程在气动噪声的数值预测中获得广泛的应用[62-64]。目前，利用这种方法解决实际气动噪声问题时，主要采用延迟时间方法[62]，这种方法需要数值求解延迟时间方程，它是一个超越方程，另外，延迟时间方法需要存储大量时间段的气动数据，然后，再进行数据查找，因而，为提高计算效率，这种方法有待于进一步改进。本书将研究高级时间方法计算FW-H的积分解，这种方法恰恰能够克服延迟时间方法的一些缺点。

为了减少翼型的气动噪声，采用主动控制和被动控制技术的智能叶片是一类新型的研究方向。目前有采用尾翼处产生负压吸力来主动控制噪声的方法[76]。其主要作用在于将边界层吸近于物体表面从而达到减少噪声的目的。它的主要原理是利用流场产生的边界层与噪声的关联性。其他的方法如采用吹气襟翼[77]，实验证实该方法可以通过削弱尾翼气旋强度从而降低源强度。对于翼型的降噪，被动控制方法比较简单实用，例如，采用翼型尾翼锯齿形设计[78-81]。锯齿形尾翼降噪的物理效应十分复杂，涉及锯齿形状、大小，安装角度与来流攻角的配合等。许多的科学发现来源于自然，锯齿形尾翼的研究来源于猫头鹰翅膀的仿生学研究[82, 83]。猫头鹰滑行下降过程中尾翼张开，形同锯齿，此时发出的气动噪声被降低至极限，因而大大提高捕猎的成功率。基于这些发现，锯齿尾翼被应用于飞行器降噪、风力机降噪和其他气动机构的降噪[84-86]。

相当多的锯齿尾翼方面实验研究[81, 84, 87-90]表明了其在实际气动降噪过程中的有效性。实验表明，除了受雷诺数和攻角的影响外，噪声的降低是频率的函数，即在各个频率段的降低效果是不一样的。在一些条件下，尽管总的噪声是降低了，但是在部分高频区域反而有所升高。在计算模拟方面，Howe[78, 79]假设翼型为平板从而推导了锯齿形尾翼噪声的半解析模型。Howe 模型将远场噪声和翼型表面的压力关联在一起，在已知压力谱的前提下可求解气动噪声。然而，这一相对简单的模型在和实验比较的过程中吻合程度不高[90]，主要表现为过高地估计了降噪的幅值。在气动噪声计算方面，数值模拟方法往往可以求得更精确的结果。Sandberg 和 Jones[91]针对 NACA 0012 翼型的气动噪声进行了直接数值模拟，该方法对翼型近场噪声进行了准确细致的模拟。在相对较低的雷诺数条件下，Sandberg 等采用的浸入边界层方法对处理相对复杂形状的锯齿尾翼起到了比较良好的效果。计算表明，尾翼噪声在中高频区域有所降低，但是低频噪声基本没有变化。值得指出的是，这一结论只针对某些给定的流动条件和锯齿形态。本节部分内容将更深入地对锯齿尾翼进行参数化研究，通过改变流场条件，改变锯齿形态来比较全面地研究具体的气动降噪效果。

5.2　FW-H 声比拟方法

非定常流动产生的压强脉动，其中部分地以声波的形式在流体介质中传播。Lighthill[61]声比拟方法是将流体控制方程整理成波动方程的形式来描述声音产生的机理。

FW-H 方程是 Lighthill 声比拟方法的最一般形式，它是通过广义函数来描述流场，在无限空间内嵌入外部流体问题。

假设 $f(x,t)=0$ 为控制体表面函数，控制体表面点以速度 $v(x,t)$ 运动。由于 $f=0$，从而有 $\nabla f=\hat{n}$，其中，$\hat{n}$ 为单位外法向量。连续方程以及线性动量方程可以写为

$$\frac{\partial}{\partial t}[(\rho-\rho_0)H(f)]+\frac{\partial}{\partial x_i}[\rho u_i H(f)]=Q\delta(f) \tag{5.1}$$

其中

$$Q=\rho_0 U_i \hat{n}_i,\quad U_i=\left(1-\frac{\rho}{\rho_0}\right)v_i+\frac{\rho u_i}{\rho_0}$$

以及

$$\frac{\partial}{\partial t}[\rho u_i H(f)]+\frac{\partial}{\partial x_j}[(\rho u_i u_j+P_{ij})H(f)]=L_i\delta(f) \tag{5.2}$$

其中，$L_i=P_{ij}\hat{n}_j+\rho u_i(u_n-v_n)$；$P_{ij}=(p-p_0)\delta_{ij}-\tau_{ij}$；$Q\delta(f)$ 和 $L_i\delta(f)$ 分别为质量和动量的面源分布。重新整理式(5.1)、式(5.2)就得到 FW-H 方程：

$$\Box^2[(\rho-\rho_0)c^2H(f)]=\frac{\partial^2}{\partial x_i\partial x_j}[T_{ij}H(f)]-\frac{\partial}{\partial x_i}[L_i\delta(f)]+\frac{\partial}{\partial t}[Q\delta(f)] \tag{5.3}$$

其中

$$T_{ij}=pu_iu_j+(p'-c^2\rho')\delta_{ij}-\tau_{ij} \tag{5.4}$$

为著名的 Lighthill 应力张量；$\Box^2$ 为波算子。

在式(5.3)的右边存在三个著名的源项：四极子噪声源、载荷噪声源以及厚度噪声源。厚度和载荷噪声源是源项的表面分布，如 $\delta(f)$ 所示。当物体包含在控制表面内时，厚度噪声源项为物体运动引起的流体位移而产生的噪声，载荷噪声源项为流体作用在物体上的非定常气动载荷引起的噪声。除此之外，四极子噪声源表示体积源分布，如 $H(f)$ 所示，它代表了非线性引起的噪声源，这些非线性主要是由涡扰动、激波、当地声速变化等造成的。

5.3 Farassat-Brentner 的延迟时间方法

下面首先给出 Farassat-Brentner 的延迟时间方法[62]的详细推导。FW-H 方程式(5.3)实际上是重新整理连续方程和动量方程后而得到的。控制面封闭的流场由流动状态（$\rho=\rho_0,u_i=0$）替代，流体控制方程的表述可以通过表面源分布来实现。控制面封闭的物理表面可以去掉，这样，自由空间格林函数就可以用到式(5.3)上。定义 $G=\delta(g)/r$，其中，$g=t-\tau-r/c$，$r=|x-y|$，其中，x 及 t 分别为观察者位置、观察者时刻，而 y 及 τ 分别为声源位置、声源时间。式(5.3)的形式解为

$$
\begin{aligned}
4\pi p' = & \frac{\partial^2}{\partial x_i \partial x_j} \iint_{f>0} \frac{\delta(t-\tau-r/c)}{r} T_{ij} \mathrm{d}V \mathrm{d}\tau \\
& - \frac{\partial}{\partial x_i} \iint_{f=0} \frac{\delta(t-\tau-r/c)}{r} L_i \mathrm{d}S \mathrm{d}\tau \\
& + \frac{\partial}{\partial t} \iint_{f=0} \frac{\delta(t-\tau-r/c)}{r} Q \mathrm{d}S \mathrm{d}\tau
\end{aligned} \tag{5.5}
$$

为将体积分转换成表面积分，必须运用 δ 函数的特性。对积分表达式中的积分变量进行转换，需要采用以下著名公式：

$$
\int \vartheta(\tau)\delta(g(\tau)) = \sum_{n=1}^{N} \frac{\vartheta}{\partial g / \partial \tau}(\tau_{\mathrm{ret}}^{n}) \tag{5.6}
$$

当源做亚声速运动时，延迟时间方程存在唯一解。相反地，当源做超音速运动时，不存在唯一解，从物理的角度，这可以解释为，不同时刻的声源信号可以在同一时刻接收到。g 的时间源导数为

$$
\frac{\partial g}{\partial \tau} = -1 + M_r \tag{5.7}
$$

其中，$M_r = M_i \hat{r}_i$ 是观察者方向的源马赫数向量，$\hat{r}_i = (x_i - y_i)/r$ 为声源与观察者之间距离的单位向量，$|1-M_r|$ 代表观察者时间尺度与声源时间尺度之间的压缩或膨胀，它取决于声源远离或接近观察者。这种影响为多普勒因子。

假定式(5.5)中的声面源做亚声速运动，延迟时间定义如下：

$$
\tau_{\mathrm{ret}} = t - \frac{|x - y(\tau_{\mathrm{ret}})|}{c} \tag{5.8}
$$

然后，将式(5.6)、式(5.7)应用到积分表达式(5.5)后得到

$$
\begin{aligned}
4\pi p' = & \frac{\partial^2}{\partial x_i \partial x_j} \int_{f>0} \left[\frac{T_{ij}}{r(1-M_r)} \right]_{\mathrm{ret}} \mathrm{d}V - \frac{\partial}{\partial x_i} \int_{f=0} \left[\frac{L_i}{r(1-M_r)} \right]_{\mathrm{ret}} \mathrm{d}S \\
& + \frac{\partial}{\partial t} \int_{f=0} \left[\frac{Q}{r(1-M_r)} \right]_{\mathrm{ret}} \mathrm{d}S
\end{aligned} \tag{5.9}
$$

式(5.9)即为 FW-H 方程式(5.3)的延迟时间解。由该公式可以看到，当 $M_r = 1$ 时，解中存在奇性问题。然而，奇性问题可以通过一种变量替换解决。

从式(5.9)可知，为改进 FW-H 声比拟方法的实用性，延迟时间方程可以有不

同的表示方式。首先，将空间导数转换为时间导数，这需要以下关系：

$$\frac{\partial}{\partial x_i}\int_{f=0}\left[\frac{L_i}{r(1-M_r)}\right]_{\text{ret}}\mathrm{d}S=-\frac{1}{c}\frac{\partial}{\partial t}\int_{f=0}\left[\frac{L_i\hat{r}_i}{r(1-M_r)}\right]_{\text{ret}}\mathrm{d}S-\int_{f=0}\left[\frac{L_i\hat{r}_i}{r^2(1-M_r)}\right]_{\text{ret}}\mathrm{d}S \tag{5.10}$$

将以上关系式应用于载荷噪声以及四极子噪声，然后，得到

$$\begin{aligned}4\pi p'=&\frac{1}{c^2}\frac{\partial^2}{\partial t^2}\int_{f>0}\left[\frac{T_{rr}}{r(1-M_r)}\right]_{\text{ret}}\mathrm{d}V+\frac{1}{c}\frac{\partial}{\partial t}\int_{f>0}\left[\frac{3T_{rr}-T_{ii}}{r^2(1-M_r)}\right]_{\text{ret}}\mathrm{d}V\\&+\int_{f>0}\left[\frac{3T_{rr}-T_{ii}}{r^3(1-M_r)}\right]_{\text{ret}}\mathrm{d}V+\frac{1}{c}\frac{\partial}{\partial t}\int_{f=0}\left[\frac{L_i\hat{r}_i}{r(1-M_r)}\right]_{\text{ret}}\mathrm{d}S\\&+\int_{f=0}\left[\frac{L_i\hat{r}_i}{r^2(1-M_r)}\right]_{\text{ret}}\mathrm{d}S+\frac{\partial}{\partial t}\int_{f=0}\left[\frac{Q}{r(1-M_r)}\right]_{\text{ret}}\mathrm{d}S\end{aligned} \tag{5.11}$$

然后，将时间导数放在积分号内，这需要运用以下公式：

$$\left.\frac{\partial}{\partial t}\right|x=\left[\frac{1}{1-M_r}\left.\frac{\partial}{\partial\tau}\right|_x\right]_{\text{ret}} \tag{5.12}$$

以及

$$\frac{\partial r}{\partial\tau}=-cM_r \tag{5.13}$$

$$\frac{\partial\hat{r}_i}{\partial\tau}=\frac{\hat{r}_icM_r-cM_i}{r} \tag{5.14}$$

$$\frac{\partial M_r}{\partial\tau}=\frac{1}{r}\left[\hat{r}_i\frac{\partial M_i}{\partial\tau}+c({M_r}^2-M^2)\right] \tag{5.15}$$

最后，得到

$$p'(x,t)=p'_Q(x,t)+p'_L(x,t)+p'_T(x,t) \tag{5.16}$$

其中，厚度噪声Q、载荷噪声L以及四极子噪声T的表达式分别如下。

厚度噪声：

$$4\pi p'_Q(x,t)=\int_{f=0}\left[\frac{\rho_0(\dot{U}_n+U_{\dot{n}})}{r(1-M_r)^2}\right]_{\text{ret}}\mathrm{d}S+\int_{f=0}\left\{\frac{\rho_0U_n[r\dot{M}_r+c(M_r-M^2)]}{r^2(1-M_r)^3}\right\}_{\text{ret}}\mathrm{d}S \tag{5.17}$$

其中

$$\begin{gathered}U_n=U_i\hat{n}_i,\quad U_{\dot{n}}=U_i\dot{\hat{n}}_i,\quad \dot{U}_n=\dot{U}_i\hat{n}_i\\M_r=M_i\hat{r}_i,\quad \dot{M}_r=\dot{M}_i\hat{r}_i\end{gathered} \tag{5.18}$$

与时间有关的导数都是基于源时间的计算。

载荷噪声：

$$4\pi p_L'(x,t)=\frac{1}{c}\int_{f=0}\left[\frac{\dot{L}_r}{r(1-M_r)^2}\right]_{\text{ret}}\mathrm{d}S+\int_{f=0}\left[\frac{L_r-L_M}{r^2(1-M_r)^2}\right]_{\text{ret}}\mathrm{d}S+\frac{1}{c}\int_{f=0}\left\{\frac{L_r[r\dot{M}_r+c(M_r-M^2)]}{r^2(1-M_r)^3}\right\}_{\text{ret}}\mathrm{d}S \tag{5.19}$$

其中

$$L_r=L_i\hat{r}_i,\quad \dot{L}_r=\dot{L}_i\hat{r}_i,\quad L_M=L_iM_i \tag{5.20}$$

四极子噪声：

$$4\pi p_T'(x,t)=\int_{f>0}\left(\frac{K_1}{c^2r}+\frac{K_2}{cr^2}+\frac{K_3}{r^3}\right)_{\text{ret}}\mathrm{d}V \tag{5.21}$$

其中

$$K_1=\frac{\ddot{T}_{rr}}{(1-M_r)^3}+\frac{\ddot{M}_rT_{rr}+3\dot{M}_r\dot{T}_{rr}}{(1-M_r)^4}+\frac{3\dot{M}_r^2T_{rr}}{(1-M_r)^5}$$

$$K_2=\frac{-\dot{T}_{ii}}{(1-M_r)^2}-\frac{4\dot{T}_{Mr}+2T_{\dot{M}r}+\dot{M}_rT_{ii}}{(1-M_r)^3}+\frac{3[(1-M^2)\dot{T}_{rr}-2\dot{M}_rT_{Mr}-M_i\dot{M}_iT_{rr}]}{(1-M_r)^4}+\frac{6\dot{M}_r(1-M^2)T_{rr}}{(1-M_r)^5}$$

$$K_3=\frac{2T_{MM}-(1-M^2)T_{ii}}{(1-M_r)^3}-\frac{6(1-M^2)T_{Mr}}{(1-M_r)^4}+\frac{3(1-M^2)^2T_{rr}}{(1-M_r)^5} \tag{5.22}$$

其中，$T_{rr}=T_{ij}\hat{r}_i\hat{r}_j$ 是 Lighthill 应力张量的双压缩。

$$T_{MM}=T_{ij}M_iM_j,\quad T_{Mr}=T_{ij}M_i\hat{r}_j,\quad T_{\dot{M}r}=T_{ij}\dot{M}_i\hat{r}_j$$
$$\dot{T}_{Mr}=\dot{T}_{ij}M_i\hat{r}_j,\quad \dot{T}_{rr}=\dot{T}_{ij}\hat{r}_i\hat{r}_j,\quad \ddot{T}_{rr}=\ddot{T}_{ij}\hat{r}_i\hat{r}_j \tag{5.23}$$

最后，将积分方程推广到以速度 cM_0 运动的观察者的情况，这可以通过把式(5.11)中与厚度噪声有关的时间导数看做拉格朗日导数来实现。其他的时间导数，可以通过关系式(5.12)处理，此时，可以认为观察者是不动的。这样，就有

$$4\pi p_Q'(x,t)=\frac{\partial}{\partial t}\int_{f=0}\left[\frac{\rho_0U_n}{r(1-M_r)}\right]_{\text{ret}}\mathrm{d}S-\frac{\partial}{\partial t}\int_{f=0}\left[\frac{\rho_0U_nM_{or}}{r(1-M_r)}\right]_{\text{ret}}\mathrm{d}S-c\int_{f=0}\left[\frac{\rho_0U_nM_{or}}{r^2(1-M_r)}\right]_{\text{ret}}\mathrm{d}S \tag{5.24}$$

对于运动的观察者，厚度噪声的表达式为

$$
\begin{aligned}
4\pi p_Q'(x,t) &= \int_{f=0}\left[\frac{\rho_0(\dot{U}_n + U_{\dot{n}})}{r(1-M_r)^2}\right]_{\text{ret}} \mathrm{d}S \\
&+ \int_{f=0}\left\{\frac{\rho_0 U_n[r\dot{M}_r + c(M_r - M^2)]}{r^2(1-M_r)^3}\right\}_{\text{ret}} \mathrm{d}S \\
&- \int_{f=0}\left[M_{or}\frac{\rho_0(\dot{U}_n + U_{\dot{n}})}{r(1-M_r)^2}\right]_{\text{ret}} \mathrm{d}S - \int_{f=0}\left[M_{or}\frac{\rho_0\dot{M}_r U_n}{r(1-M_r)^3}\right]_{\text{ret}} \mathrm{d}S \\
&- \int_{f=0}\left\{M_{or}\frac{\rho_0 c[2M_{or}M_r - M_{or}M^2 - M_{oi}M_i(1-M_r) - M_{or}M_r^2]}{r^2(1-M_r)^3}\right\}_{\text{ret}} \mathrm{d}S \\
&- \int_{f=0}\left[\frac{M_{or}\rho_0 c U_n}{r^2(1-M_r)}\right]_{\text{ret}} \mathrm{d}S
\end{aligned}
\tag{5.25}
$$

5.4 FW-H 声比拟的高级时间方法

延迟时间方法是在给定的观察者时刻记录感受到的声音扰动信号。这些扰动依赖于声源和观察者的位置及速度，声源在不同的延迟时间向周围辐射噪声，并在到达观察者位置之前跨过不同的距离。

而高级时间方法[62]是基于给定的声源时间计算积分区域内的声音扰动信号，这些扰动的计算需要当前的气动数据以及动能。在每一个计算时间步，针对每一个声源单元，扰动到达观察者的时间定义为高级时间。在高级时刻观察者的位置用做计算观察者与点源之间的相对距离。最后，统计所有声源单元的声扰动贡献作为观察者时刻的信号。

考虑延迟时间方程：

$$\tau_{\text{ret}} = t - \frac{|x(t) - y(\tau_{\text{ret}})|}{c} \tag{5.26}$$

在观察者时刻 $t+\Gamma$，得到

$$\tau_{\text{ret}}' = t + \Gamma - \frac{|x(t+\Gamma) - y(\tau_{\text{ret}}')|}{c} \tag{5.27}$$

这样，设定 $\tau_{\text{ret}}' \equiv t$，可以得到

$$\Gamma = \frac{|x(t+\Gamma) - y(t)|}{c} \tag{5.28}$$

$t+\Gamma$ 是由在时刻 t 声源单元 y 产生的扰动到达观察者 x 的时间，因此，高级时间定义为

$$t_{\mathrm{adv}}=t+\Gamma \tag{5.29}$$

假定观察者以常数速度 cM_0 运动。求解式(5.27)就可以得到

$$\Gamma^{\pm}=\frac{r_iM_{oi}\pm\sqrt{(r_iM_{oi})^2+r^2(1-M_o^2)}}{c(1-M_o^2)}=\frac{r}{c}\left\{\frac{M_{or}\pm\sqrt{M_{or}{}^2+1-M_o^2}}{1-M_o^2}\right\} \tag{5.30}$$

其中，$r_i=x_i(t)-y_i(t)$ 为声辐射向量；$M_{or}=\hat{r}_iM_{oi}$ 是观察者马赫数向量。由于信号在辐射之前不能被观察者收到，因此 Γ 可能为负。有趣的是，Γ 仅依赖于观测者速度，和声源速度无关。下面分情况讨论。

(1) 观察者没有运动的情况：$M_o=0$。仅有 $\Gamma^+=r/c$ 是物理解。

(2) 观察者做亚声速运动的情况：

$$\begin{gathered}M_o<1\\ M_{or}+\sqrt{M_{or}{}^2+\alpha^2}>0\end{gathered} \tag{5.31}$$

其中，$\alpha^2=1-M_o^2$。因此，仅有 Γ^+ 是物理解。

(3) 观察者做超音速运动：

$$\begin{gathered}M_o>1\\ M_{or}\pm\sqrt{M_{or}{}^2-\alpha^2}<0\end{gathered} \tag{5.32}$$

其中，$\alpha^2=-1+M_o^2$。因此，又可分为两种情况。

(a) 观察者做远离声源的运动：$M_{or}>0$。两个解 $\Gamma^{\pm}$ 都不满足条件 $\Gamma>0$。

(b) 观察者做接近声源的运动：$M_{or}<0$。假定 $M_{or}<-\sqrt{M_{or}{}^2-1}$，则两个解 $\Gamma^{\pm}$ 都是物理解。

5.5　高级时间计算中的插值方法

在利用 FW-H 声比拟高级时间方法预测气动噪声时，计算中的插值方法[63]至关重要，特别是插值格式的精度尤其重要。本书给出两种不同精度的插值格式。假定 t^n 为离散的高级时间，在这个时刻，在观察者位置要收集的声压信号为 p^n。在声源产生的声压信号 p_*^n 在 t_*^n 时刻到达观察者。对于 t_*^n，关系式 $t^n\leqslant t_*^n<t^{n+1}$ 成立。记 $\delta^+t=(t_*^n-t^n)/\Delta t$，$\delta^-t=1-\delta^+t$，则有 $0\leqslant\delta^+t<1$ 成立。

(1) 0 阶插值：在 0 阶插值方法中，最近的时刻，最先收集到声音信号，即如

果 $\delta^{+}t \leqslant 0.5$，则 p_{*}^{n} 为 p^{n} 的声音信号贡献。反之，如果 $\delta^{+}t > 0.5$，则 p_{*}^{n} 为 p^{n+1} 的声音信号贡献。

(2)线性插值：对于每个声源扰动 p_{*}^{n}，它分别对 p^{n} 及 p^{n+1} 的声扰动贡献，即

$$p^{n} = \delta^{-}tp_{*}^{n}, \quad p^{n+1} = \delta^{+}tp_{*}^{n} \tag{5.33}$$

5.6　声比拟的延迟时间与高级时间方法的比较

本节将 FW-H 声比拟方法应用于方柱涡脱落产生噪声的数值预测研究中。方柱绕流模拟的流动状态：来流的马赫数为 Ma=0.2，雷诺数为 Re=150，雷诺数基于来流速度 U_{∞}、方柱高度 D 以及运动黏性 ν。方柱表面的气动数据由第 4 章的 LBM 计算得到。然后，这些气动数据作为输入，代入 FW-H 声比拟的计算程序中。声源的时间步长与观察者处的时间步长是一致的。图 5-1 给出了利用延迟时间与高级时间方法计算得到的声压信号。由图可知，高级时间方法计算得到的解能够和延迟时间方法的解吻合，除此之外，高级时间方法的另一个优势在于，它不需要事先存储大量的声源数据，可以和声源计算同时进行，这为三维噪声问题的数值预测节省很大的计算成本。

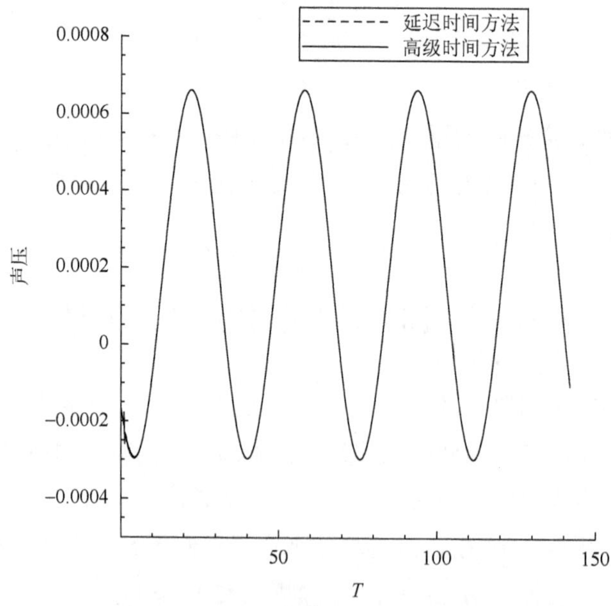

图 5-1　高级时间与延迟时间方法计算结果比较

5.7　声比拟高级时间方法的应用

5.7.1　噪声源的计算方法

如图 5-2 所示，FW-H 方程[92]和 Farassat 的改进方程[93]通过积分表面速度和压力来求解远场噪声，因而，需要求解时间序列上的脉动速度和压力。因此，求解声压的前提条件是计算声源流场。

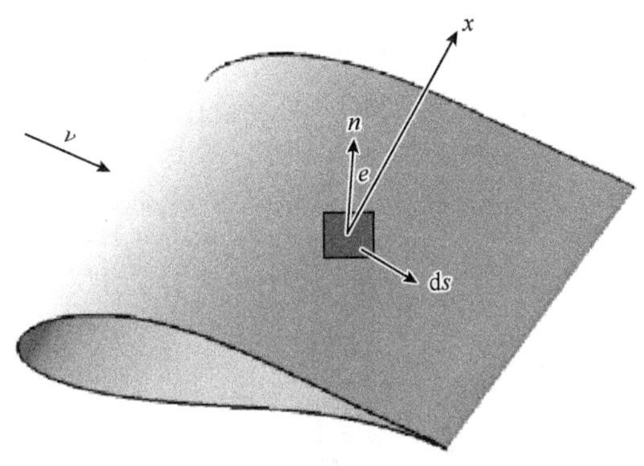

图 5-2　CQU-DTU-LN118 翼型表面积分示意图

求解湍流条件下的 N-S 方程，可以采用 DNS 和 LES 两种方法，DNS 对网格要求非常高，一般只应用于低雷诺数的计算。采用 LES 方法求解 N-S 方程如下：

$$\frac{\partial \bar{U}_i}{\partial t}+\frac{\partial(\bar{U}_i\bar{U}_j)}{\partial x_j}=-\frac{1}{\rho}\frac{\partial \bar{P}}{\partial x_i}+\nu\frac{\partial^2 \bar{U}_i}{\partial x_j^2}+\frac{\partial \tau_{ij}}{\partial x_j} \tag{5.34}$$

$$\tau_{ij}=\nu_t\left(\frac{\partial \bar{U}_i}{\partial x_j}+\frac{\partial \bar{U}_j}{\partial x_i}\right)-\frac{2}{3}k\delta_{ij} \tag{5.35}$$

$$\nu_t=C\left|\bar{\omega}\right|^{\alpha}k^{(1-\alpha)/2}\Delta^{(1+\alpha)} \tag{5.36}$$

式中，$\bar{U}$ 表示速度；压力是基于 LES 网格过滤的参量。涡流黏度 ν_t 的计算采用湍动能 k 和涡量 ω 结合的混合算法。以上流体方程求解采用 Ellip- Sys3D[94, 95]。计算区域采用分块并行计算方法。时间和空间差分均为二阶格式。

5.7.2　锯齿尾翼噪声实验与计算设置

噪声实验是用于验证锯齿尾翼设计的直接方法，同时为数值计算提供直接参考依据。实验在无回音风洞进行。图 5-3 显示为翼型噪声测试实验段。风洞中间放置的翼型为 CQU-DTU-LN118 翼型，该翼型具有低噪声和高升阻比的特点。翼型的弦长为 0.6m，翼展共 1.8m，值得提出的是仅中央 0.6m 展长用于麦克风噪声数据收集，风洞边缘两端流场干扰较大区域不纳入测量。图 5-4 所示为该翼型后部加装的锯齿。锯齿长度为弦长的 16.7%，长宽比为 2∶1，厚度为 2mm。来流风速为 45m/s，实验过程标定声速为 344m/s。与实验相对应，LES 计算将采用同等雷诺数，更多的计算攻角和锯齿形状将纳入参数化计算与分析。

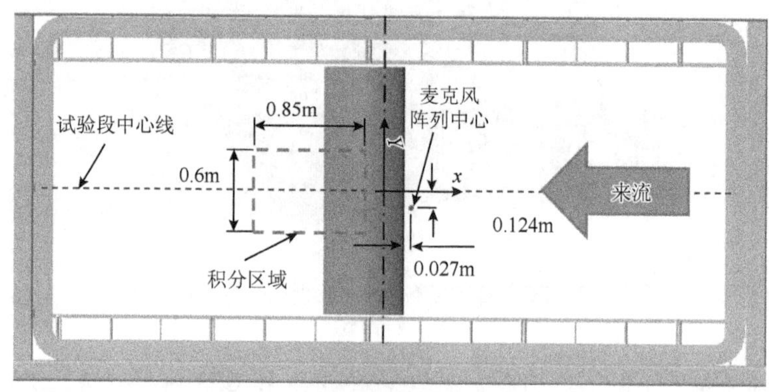

图 5-3　翼型噪声测试实验段

图 5-4　安装在翼型尾翼处的锯齿

计算网格采用 C-网格模式。表面网格拓扑结构见图 5-5(a)，在正常翼型表面的基础上，尾翼处锯齿形状带来相对复杂的网格分布。图 5-5(b)为三维网格的侧视图，贴体网格的大小约为 10^{-5}×弦长。在翼型表面处，来流方向网格大小与垂直方向之比$\Delta x/\Delta y$ 约为 25。网格共分为 420 块，每块包含 643 个节点。关于 LES 网格大小选取以及翼型计算中的具体应用可参考文献[96]、[97]。

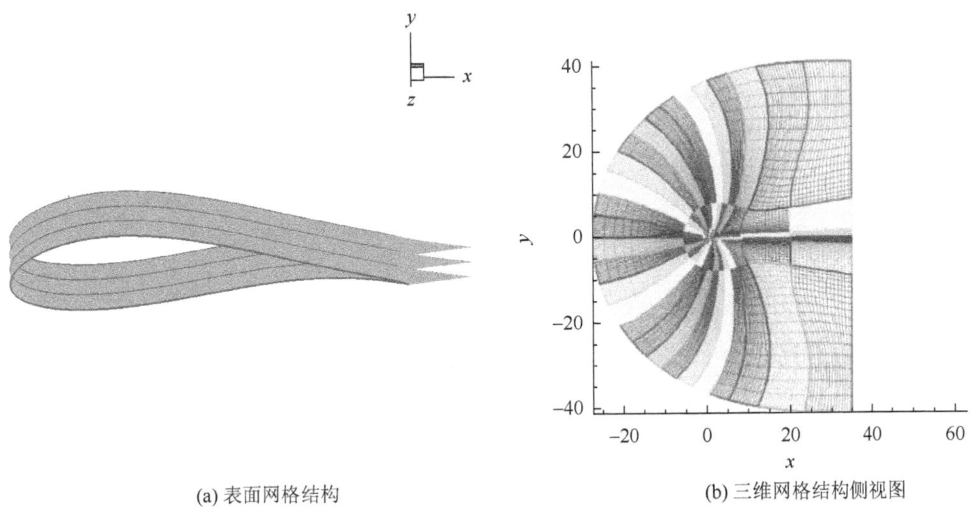

(a) 表面网格结构　　(b) 三维网格结构侧视图

图 5-5　计算网格

5.7.3　流场与声场的计算与验证

风洞实验在几何攻角为 8°的工况下进行，对应于经过修正的攻角数值为 6.07°。对应这一攻角，流场的二维切面如图 5-6 所示。此图显示风速 45m/s 时最大弦长处切面，箭头簇所示为速度场流线分布，云图所示为 LES 计算所得水平方向均方根速度。结果显示在此攻角处，流动远离失速与分离区。

首先从空气动力学角度分析，锯齿形尾翼没有给原始翼型的气动性能带来大的改变，这一现象表明这种针对降低噪声的设计没有导致气动性能的大幅改变。图 5-7 所示为翼型表面压力分布曲线，图中原始翼型压力的测量结果和计算结果作了比较。在有尾翼锯齿的情况下，几何攻角为 0°和 8°时 LES 模拟所得结果和实验值基本保持一致。

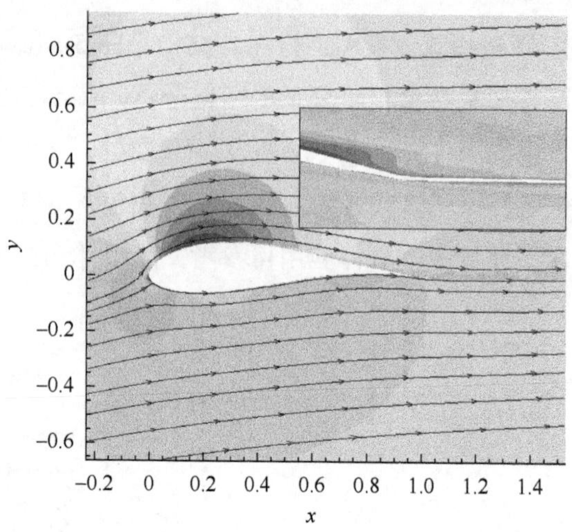

图 5-6　均方根速度云图与流线图(见彩图)

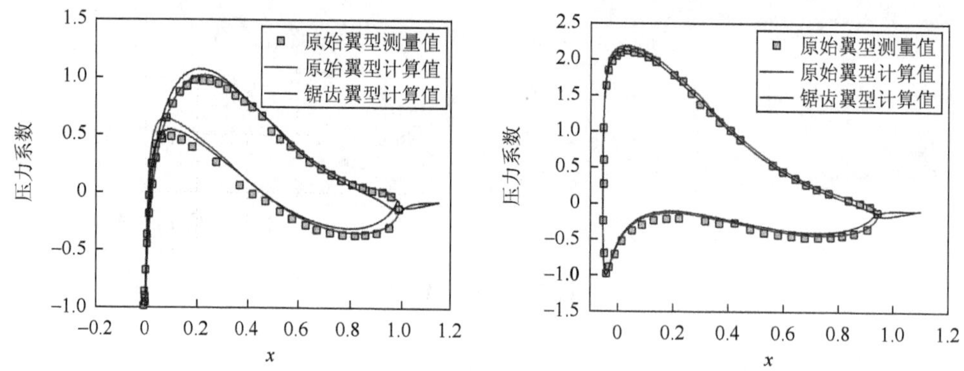

图 5-7　攻角为 0°和 8°时的表面压力分布比较

对于三维 LES 计算，计算效率是比较重要的研究因素，尤其是需要作参数化研究的情况。由于尾翼的锯齿具有对称性，采用单个锯齿结合周期性边界条件可以大量减少网格需求。例如，采用包含三个锯齿的网格与包含一个锯齿的网格，网格数量为三倍关系。图 5-8(a)显示选取不同翼展大小时计算压力分布所得结果的比较。图中，截面 A 代表采用三个锯齿的网格，截面 B 代表采用一个锯齿的网格。结果显示它们的压力分布几乎完全相同。这个结果表示，针对当前这类应用计算，单一锯齿与周期性边界条件的结合可以满足计算的精度需要。图 5-8(b)显示同一网格下的计算结果，截面 A 表示切面为最大弦长位置，截面 B 为最小弦长位置。两者的压力分布基本一致，区别在于锯齿尾翼的延伸段位置，压力分布略有不同，其原因在于锯齿处的三维扰流。

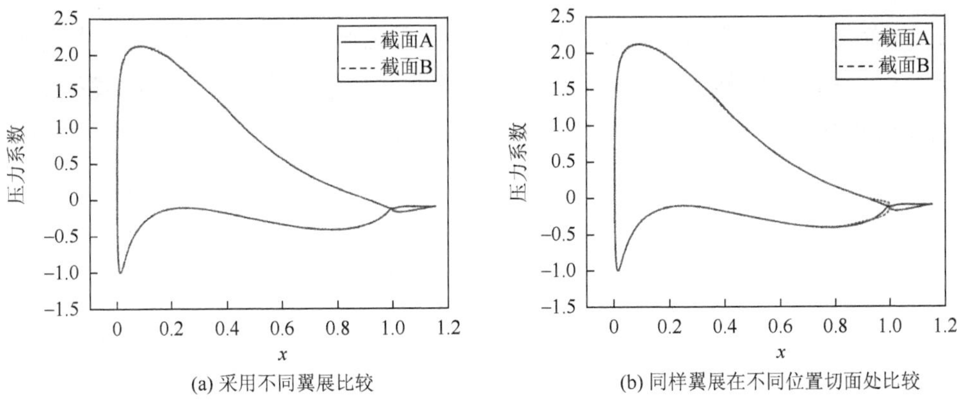

(a) 采用不同翼展比较　(b) 同样翼展在不同位置切面处比较

图 5-8　LES 计算的 C_p 值比较

总体气动性能可以从整个翼展面上的压力分布进行分析，当采用锯齿尾翼时期望气动压力分布仍然均匀。图 5-9 展示了气动压力分布云图，可以看出沿翼展方向气压分布基本均匀，没有形成对原有受力分布的改变。

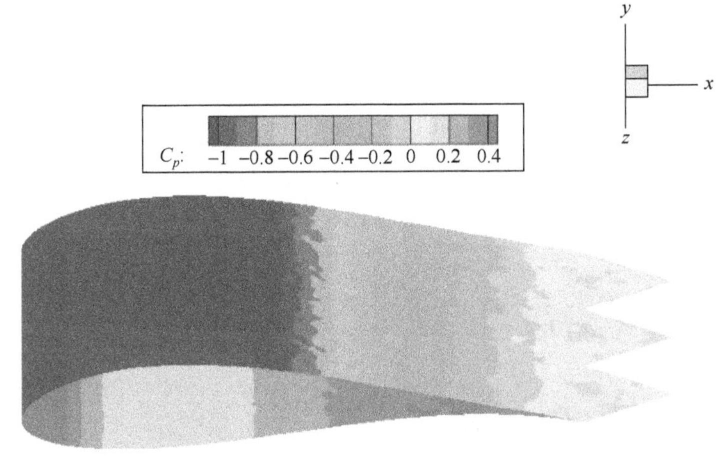

图 5-9　表面压力分布云图(见彩图)

流场的计算结果作为输入量在每一个时间步长代入 FW-H 气动噪声计算公式中，通过对相关流场参变量以表面积分的形式求得脉动声压。根据分析的需要，脉动声压随时间的变化值记录在计算域某一位置或多个位置。为了比较的需要，在当前的算例中，该位置点的选取等同于实验条件下麦克风矩阵所处的位置。该位置收集的声压数据进一步通过傅里叶变换得到需要的噪声谱，最终以分贝形式展现。图 5-10 和图 5-11 是两种攻角下计算气动声学的结果和实验的比较。图中还分别显示了原始翼型和锯齿翼型的噪声谱。无论哪一个攻角，实验和计算都显示了锯齿尾翼的降噪功能。所不同的是，在小攻角情况下，噪声的降低集中在2000Hz 的频率以上，而在相对较大攻角情况下，噪声的降低主要集中在 1000Hz的频率以下。结果显示数值计算较好吻合了实验数据，在小攻角情况下的比较不如大攻角，因为 LES 模型自身的特点是针对大尺度涡的，而求解小尺度的涡在很大程度上取决于网格的密度。从整体噪声变化来看，从小攻角到大攻角的变化趋势是频谱由高频转向低频，即气动噪声的声源随攻角的增加趋向于小频率范围，这也是由于湍流涡的尺寸变大带来的效果。

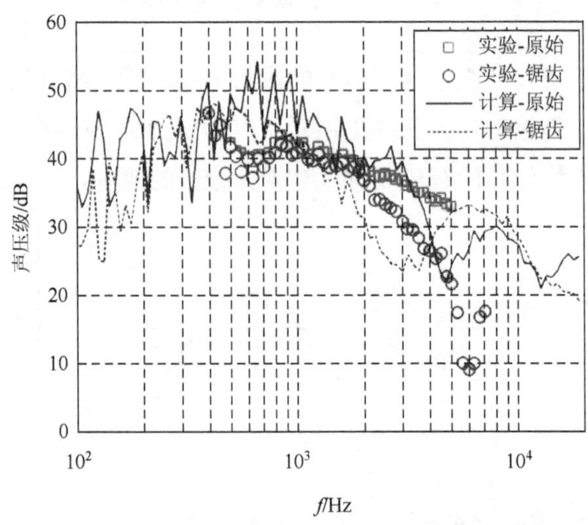

图 5-10　几何攻角为 0°时实验值与计算声学结果的比较

5.7.4　LES-CAA 参数化研究

基于前面对流场和声场的实验验证和计算，以下对更多的流动状况和锯齿形态进行更深入的数值化、参数化研究。具体涉及的参数变化达到四维，因此涉及的计算量比较庞大。如图 5-11 所示，可变的参数分别为 α、β、L/c、λ/L。其中 α 为来流攻角，β 为锯齿尾翼的偏转角，L/c 是齿长和弦长之比，λ/L 是齿宽和齿长之比。图 5-12 中每种变量共选取了三个数值，这样共需进行 81 次 LES 和 CAA 计算。考虑计算量的问题，当出现 λ/L 的变化时，只取 L/c=21%，β=0°和 α=0°，4°，8°。这样加上对原始翼型计算三个攻角 α=0°，4°，8°，总共计算量为 39 次。

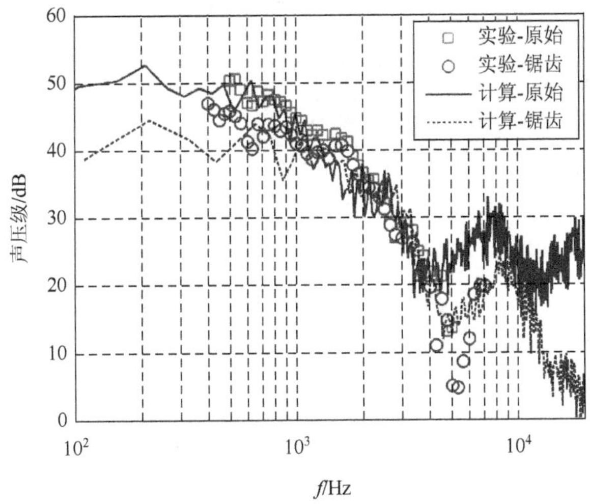

图 5-11　几何攻角为 8°时实验值与计算声学结果的比较

$\alpha(o)$	0	4	8
$\beta(o)$	−5	0	5
L/c	7%	14%	21%
λ/L	0.25	0.5	1

图 5-12　参数变量

在 LES 的计算中，流场压力、三维速度随时间的变化都记录在图 5-13 所示的 11 个位置。其目的不是进行 FW-H 的积分计算，而是研究锯齿附近流动的变化和边界层随翼展方向的变化趋势。在弦长位置 x/c=98%的位置，共有 9 个点分布在翼展的方向。在 x/c=102%和 x/c=106%，并沿最大弦长下游位置各分布了一个测点。在每一个点的位置，数据不仅仅存储在物体表面，而且沿表面法向垂直方向延伸到边界层以外区域。每个测点沿法向方向共由 64 个点组成，每个点的流场参量都是时间的函数。

图 5-14 是沿某一测点法向方向的速度历史曲线。图中显示的是水平方向速度，对应 64 个点每隔 4 点画出时间变化的曲线。图中显示速度和时间均为无量纲化。在接近边界层处，速度接近于无穷远处来流速度。越接近物体表面处，速度越小。在时间 $T<2$ 之前，流场未充分稳定，因而速度分布处于非稳定阶段。

图 5-15 是应用于数值计算中的各类锯齿尾翼形状。第一行翼型为锯齿尾翼的偏转角 β=0°和 L/c=7%，14%，21%的形状。第二行翼型锯齿尾翼的偏转角 β=5°

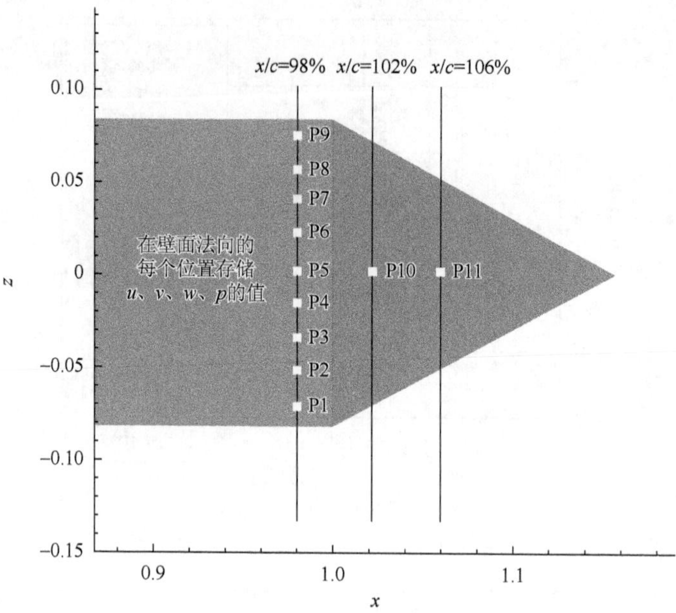

图 5-13　尾翼处数值存储位置

对应 L/c 同上。第三行翼型锯齿尾翼的偏转角 β=−5°对应的 L/c 同上。第四行为齿宽与齿长的三种比例情况。通过计算各类工况，将有助于量化总结气动降噪的特点。

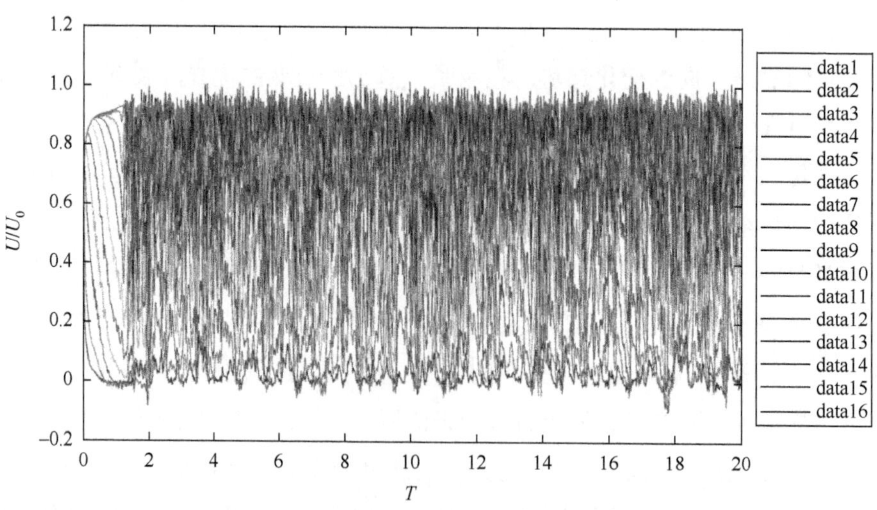

图 5-14　水平方向速度历史值(见彩图)

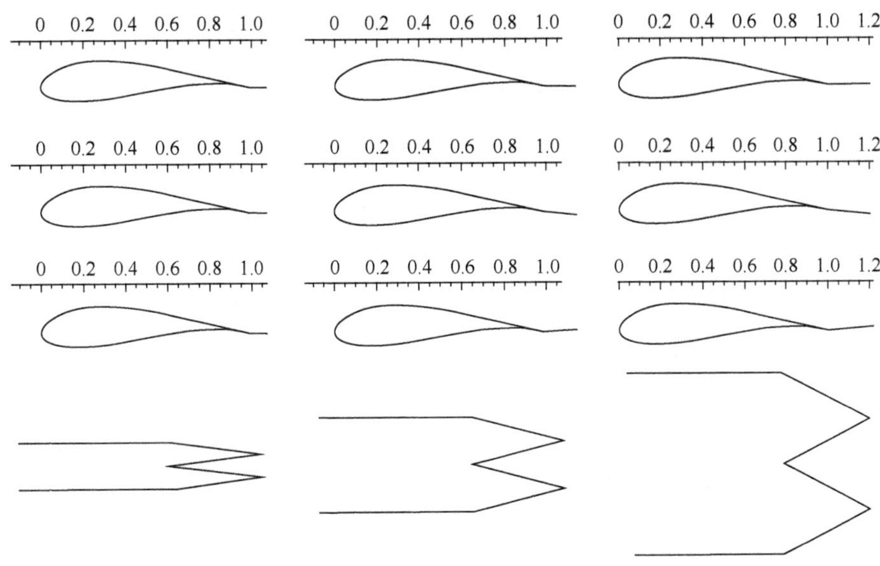

图 5-15　用于计算的锯齿尾翼各种具体形状角度

首先分析的是原始翼型的边界层分布情况。图 5-16 显示了在 α=0°/4°/8°的情况

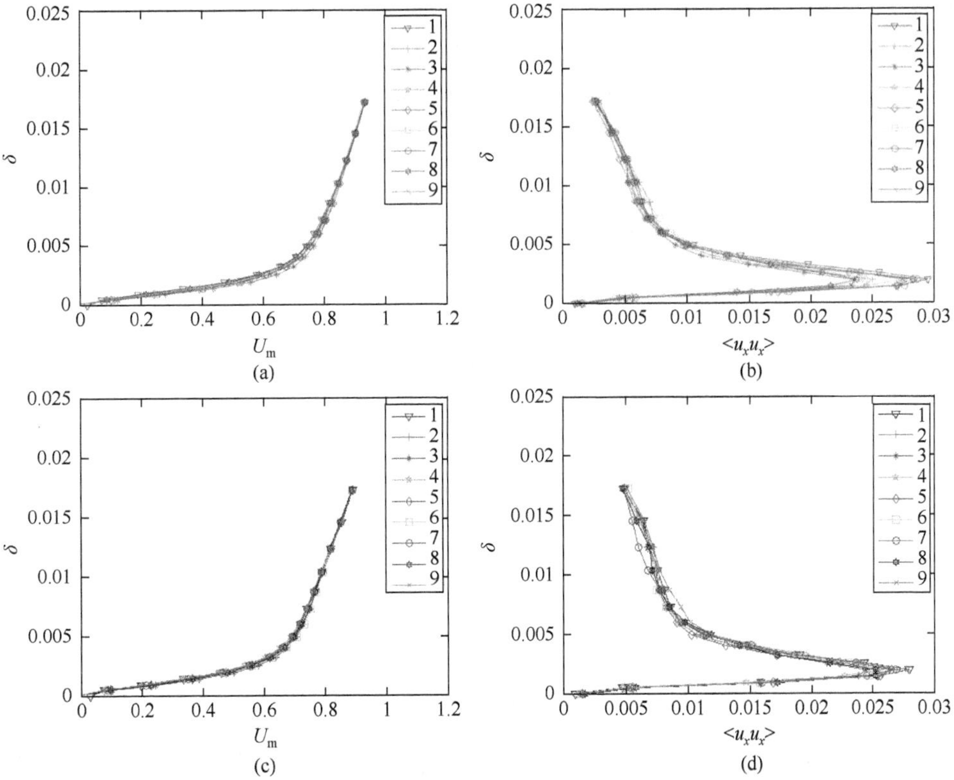

(a)

(b)

(c)

(d)

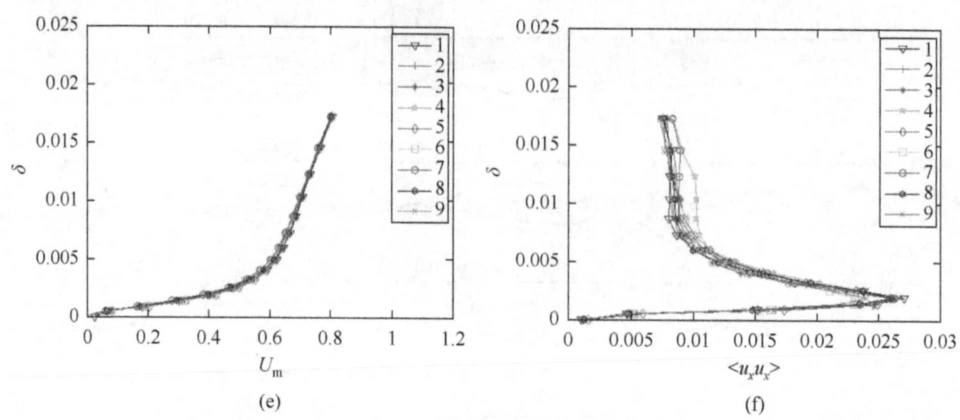

图 5-16　原始翼型的水平速度分量边界层速度和湍流应力(流场条件：α=0°，4°，8°)(见彩图)

下，湍流边界层的发展和湍流应力的变化。图中上、中、下各代表了攻角由小至大的增加过程。左图为速度在边界层的分布，右图为湍流应力分布。图中的曲线代表 x/c=98%处沿翼展方向的 9 个测点，每个测点沿边界层厚度 δ 方向各有 64 个点。速度在时间轴上的平均表示为 U_m，观察左列图形也发现边界层是随攻角的增加而变大的。湍流应力最大的特点是随攻角的增加，湍流应力沿边界层方向分布更广。图 5-17 中，三种攻角情况下，原始翼型的气动噪声数值结果显示噪声的大小随攻角的增加而增加。

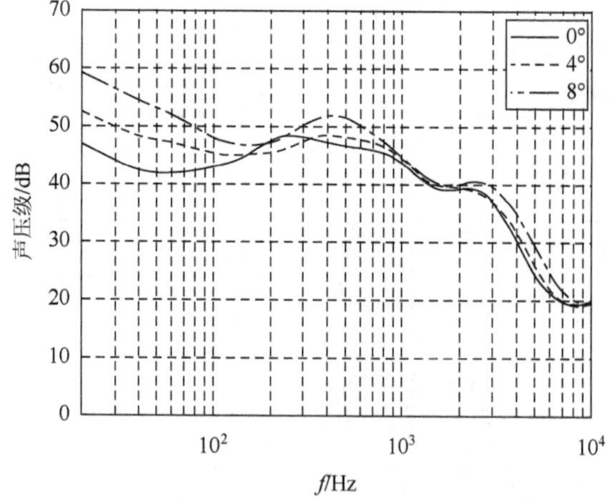

图 5-17　原始翼型的噪声结果(流场条件：α=0°，4°，8°)

由于本书的篇幅限制，众多的 LES-CAA 结果不能一一展示。以下选取了一些具有代表性的结果进行分析讨论。图例中的描述涉及四个参变量，代表不同的数值组合，如图 5-18 中，$\lambda/L0.5$-$\beta0$-$L/c14$-0/4/8AoA 代表计算工况为 λ/L=0.5，β=0，L/c=14%，α=0°，4°，8°。从图中可以看出，LES 的计算结果显示在翼展方向比原始翼型有了更大的搅动，从三个攻角所得的计算结果来看，总体的结论和原始翼型一样，所不同的是翼展方向各点的差别更大，因而说明在有锯齿尾翼的情形下流动的三维效应更加突出。

图 5-19～图 5-22 的结果为 λ/L=0.5，β=5°时 L/c=7%，14%，21%三种情况。在固定两个参变量 λ/L 和 β 的前提下，噪声首先随攻角 α 的增大而增大；其次，L/c 的值越大，总体噪声略低，不过相比 L/c=14%，21%两种情况，噪声的变化不太明显，说明在这一区域增加 L/c 的值产生的变化比较微弱。

如果将带尾翼锯齿的噪声计算值和原始翼型相减，可以量化不同工况下噪声降低的相对数值。图 5-23 中显示了固定 β=10°和 L/c=21%时 α=0°，4°，8°的三种结果。如图所示，三种攻角下噪声降低值均比较明显(负数代表噪声降低)。在极少数情况下，噪声在某一频率区域有所上升，这代表着锯齿降噪的功能不一定会适用于全部频率范围，还取决于具体的流动条件、几何形状等。

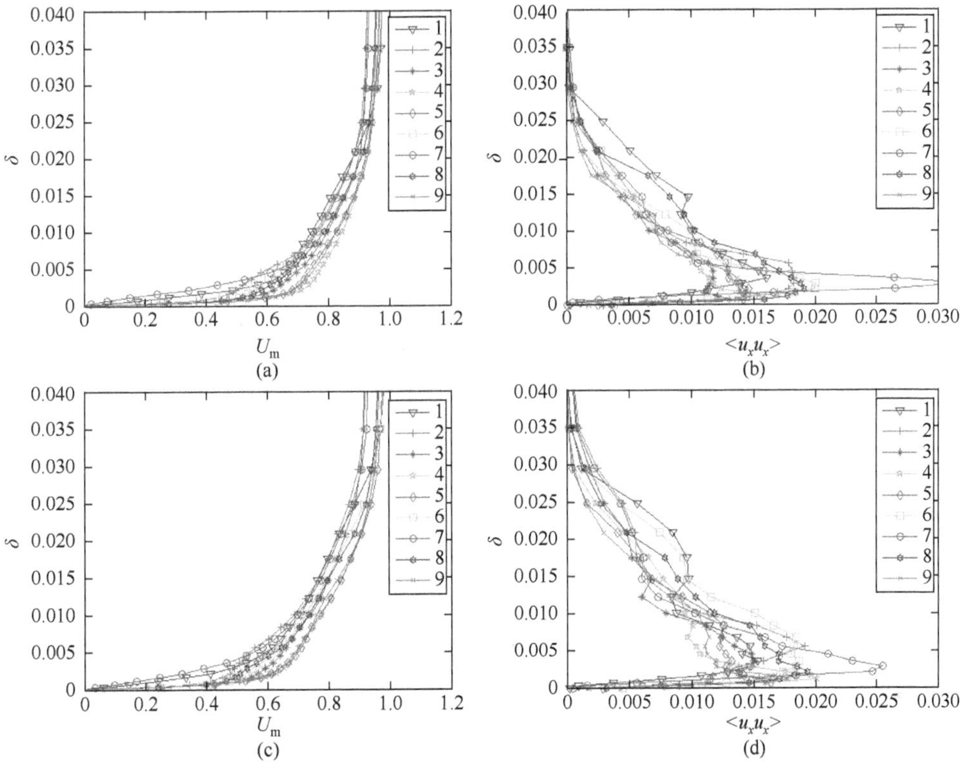

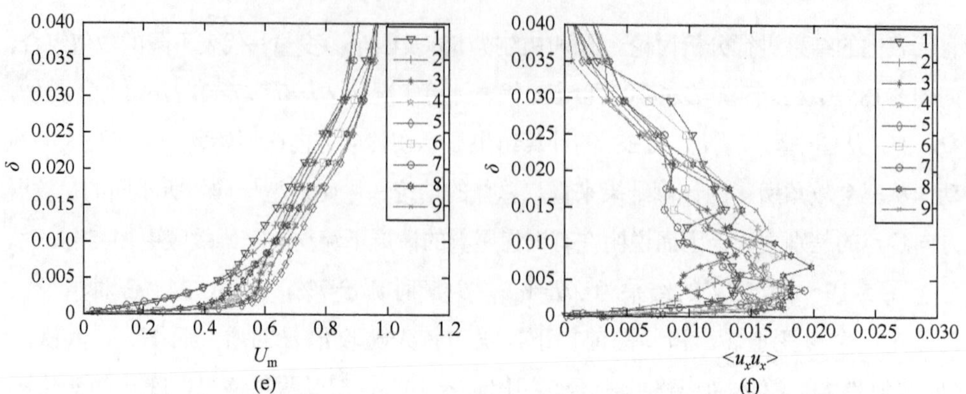

图 5-18　带锯齿尾翼的翼型水平速度分量边界层速度和湍流应力(流场条件：$\lambda/L0.5$-$\beta0$-$L/c14$-0/4/8AoA)(见彩图)

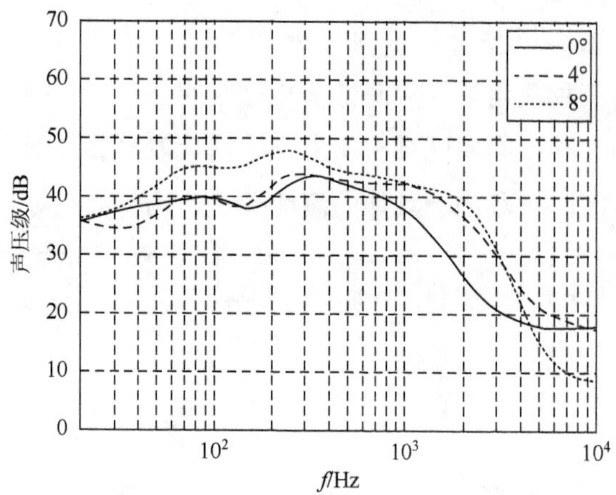

图 5-19　锯齿尾翼的翼型噪声计算结果(流场条件：$\lambda/L0.5$-$\beta0$-$L/c14$)

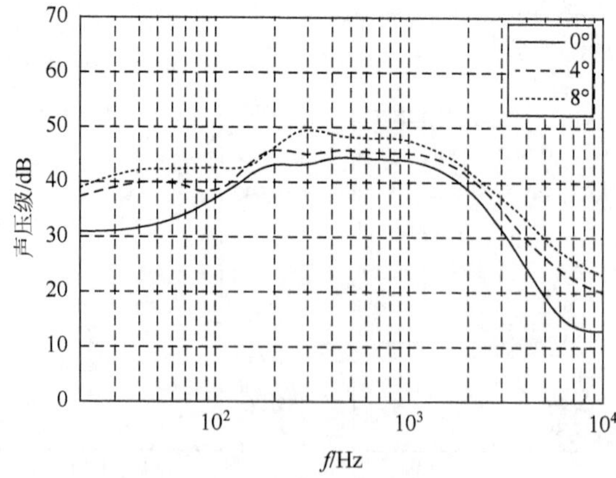

图 5-20　$\lambda/L0.5$-$\beta5$-$L/c7$

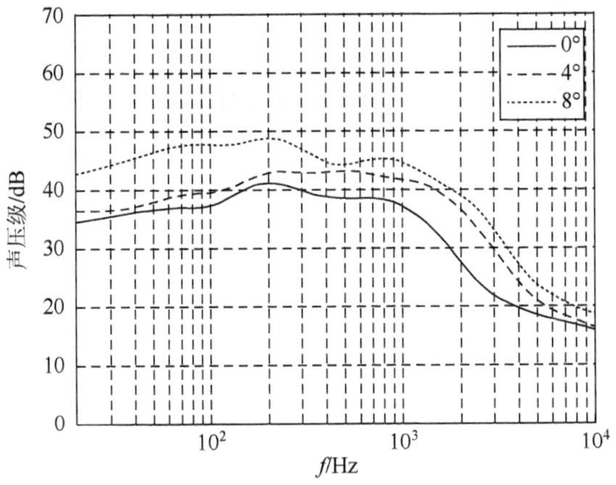

图 5-21　$\lambda/L0.5$-$\beta5$-$L/c14$

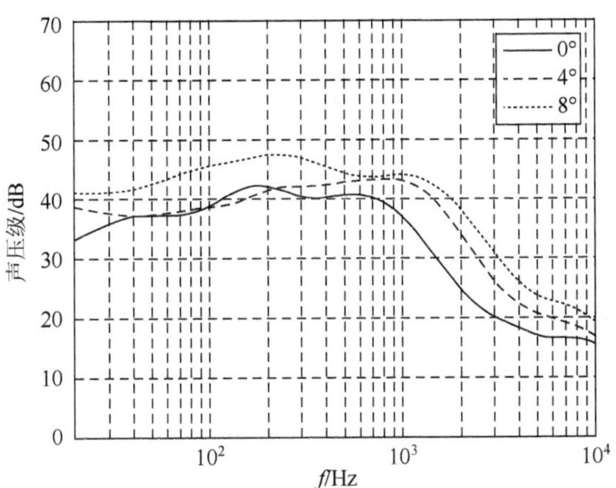

图 5-22　$\lambda/L0.5$-$\beta5$-$L/c21$

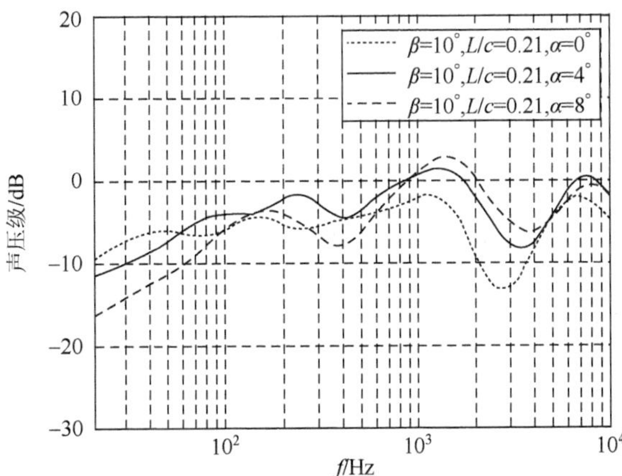

图 5-23　噪声的降低量

第 6 章 气动噪声预测的半经验模型

6.1 引 言

风能是可再生能源中发展最快的清洁能源之一，极具大规模开发和商业化发展的前景，因而，风能的开发利用已受到世界各国的高度重视。随着风能的全球普遍发展，用以产生风能的风力机可能会接近人口密集区域，因而风力机产生的噪声问题已成为风力机设计人员和制造商所面临的挑战。因此，快速、准确地预测风力机产生的噪声是一个重要课题，可以为风力机设计和制造提供可靠的数据支持，从而有助于风力机降噪技术的研究。

风力机产生的气动噪声机理主要分为两大类[64]：①湍流入流噪声，它是风力机叶片和吹向它的湍流相互作用产生的；②风力机叶片翼型自激励产生的噪声，它是由叶片翼型边界层和近尾迹内的气流和翼型本身作用产生的，这些噪声主要源自翼型的后缘，主要包括：ⓐ湍流边界层后缘噪声；ⓑ气流分离失速产生的噪声；ⓒ层流边界层涡脱落产生的噪声；ⓓ叶尖涡形成产生的噪声；ⓔ后缘钝厚度导致涡脱落产生的噪声。针对风力机产生噪声机理，Brooks 等[65]给出了反映风力机叶片翼型自激励噪声的五种半经验关系的数学描述，这些关系是基于 NACA0012 翼型的二维风洞测量数据得到的(叶尖涡形成噪声除外)。在模型中，将二维计算结果作为输入，Lowson[66]研究了模型中所用到的边界层后度。Bareiss 等[67]利用涡格子方法计算整个流场，运用 XFOIL 程序[68]计算当地的边界层参数。Moriarty 等[69]研究一种改进的半经验预测方法，并用于风力机的噪声预估。基于噪声产生机理，Zhu 等[70]研究了半经验预测模型，特别是在翼尖区域采用了一种新的翼尖修正技术，从而更好地提高翼尖涡形成噪声预测的准确性。随着计算机硬件发展，以及计算流体力学和计算气动声学的研究，文献[71]采用求解 N-S 方程和声传播方程的混合方法，用于数值模拟风力机产生的噪声，这种方法的计算成本非常大，目前，它还不能用于低噪声风力机的快速设计。

基于文献[66]中湍流入流噪声的模拟方法，以及文献[65]给出的翼型自激励噪声的数学表达式，本书研究了一种数值预测风力机气动噪声的方法，风力机的气动特性可以由叶素-动量方法确定。充分考虑到气流的风剪切和塔影效应，更准确地计算来流风速，为有效预测湍流入流噪声，在每个叶片截面，单独计算湍流强度和长度尺度。翼型产生噪声模型中的压力面和吸力峰面的边界层参数可以由 XFOIL 程序计算得到。为验证半经验模型的有效性，将模型应用于 300kW 风力机的噪声预测，计算的声功率级及总声功率级与实验测量的声功率级进行比较分析。

6.2　湍流入流噪声模型

在低频率的情况下，大气边界层产生的湍流入流与风力机叶片的前缘相互作用是风力机的一个重要噪声源。当湍流的涡长度尺度与叶片翼型的前缘半径相差很大时，对于风力机，这种噪声源显得尤其重要。湍流入流能产生偶极子噪声源(低频)或散射的四极子噪声源[64](高频)，这取决于与翼型前缘半径相关的长度尺度大小。基于 Amiet 的实验研究[98]，Lowson[66]给出了模拟高、低频的湍流入流噪声的经验关系表达式：

低频：

$$\mathrm{SPL}_{\mathrm{Inflow}}^{L}=\mathrm{SPL}_{\mathrm{Inflow}}^{H}+10\lg\left(\frac{\mathrm{LFC}}{1+\mathrm{LFC}}\right) \tag{6.1}$$

高频：

$$\mathrm{SPL}_{\mathrm{Inflow}}^{H}=10\lg\left[\bar{D}_L\rho_0^2c_0^2lLMa^3I^2\frac{K^3}{r^2(1+K^2)^{7/3}}\right]+C \tag{6.2}$$

其中，Ma 为马赫数；ρ_0 为气流密度；c_0 为声速；l 为湍流长度大小；r 为观察者与风力机噪声源的距离；I 为湍流强度；$K=\pi fc/U$ 为当地波数，f 为频率，U 为当地速度；C 为翼型弦长；$\bar{D}_L$ 为低频指向性函数；低频修正因子为

$$\mathrm{LFC}=10S^2MaK^2\beta^{-2} \tag{6.3}$$

可压缩 Sears 函数为

$$S^2=\left[\frac{2\pi K}{\beta^2}+\left(1+2.4\frac{K}{\beta^2}\right)^{-1}\right]^{-1},\quad \beta^2=1-Ma^2 \tag{6.4}$$

风力机叶片不同位置处的湍流强度[99]表达式为

$$I = \gamma \frac{\lg(30 / z_0)}{\lg(z / z_0)} \tag{6.5}$$

其中，z_0 为地表粗糙度；z 为距离地面的高度；指数率系数为

$$\gamma = 0.24 + 0.096\lg(z_0) + 0.016(\lg z_0)^2 \tag{6.6}$$

长度尺度的表达式为

$$L = 25 z^{0.35} z_0^{-0.063} \tag{6.7}$$

6.3　湍流边界层后缘噪声

$$\mathrm{SPL}_{\mathrm{TBL\text{-}TE}} = 10\lg(10^{\mathrm{SPL}_p/10} + 10^{\mathrm{SPL}_s/10}) \tag{6.8}$$

其中，翼型压力面的声压级(SPL)表达式为

$$\mathrm{SPL}_p = 10\lg\left(\frac{\delta_p^* Ma^5 L\bar{D}_L}{r^2}\right) + A\left(\frac{Sr_p}{Sr_1}\right) + (W_1 - 3) + \Delta W_1 \tag{6.9}$$

翼型吸力峰面的声压级表达式为

$$\mathrm{SPL}_s = 10\lg\left(\frac{\delta_s^* Ma^5 L\bar{D}_L}{r^2}\right) + A\left(\frac{Sr_s}{Sr_1}\right) + (W_1 - 3) \tag{6.10}$$

δ_p^*、δ_s^* 分别为压力面、吸力面的边界层位移厚度，A 为基于斯特劳哈尔数的经验形函数，$Sr = (f\delta^* / U)$ 为斯特劳哈尔数。其他的三个经验关系为：$Sr_1 = 0.02Ma^{-0.6}$，$W_1 = W_1(Re_c)$ 为振幅函数，$\Delta W_1 = \Delta W_1(\alpha, Re_{\delta^*})$。

6.4　气流分离失速噪声

当迎角较大时，边界层发生分离后，就会产生这种失速后噪声。描述气流分离失速噪声的经验关系与 6.1 节中的类似。

$$\mathrm{SPL}_{\mathrm{sep}} = 10\lg\left(\frac{\delta_s^* Ma^5 L\bar{D}_L}{r^2}\right) + B\left(\frac{Sr_s}{Sr_2}\right) + W_2 \tag{6.11}$$

其中，B 为基于斯特劳哈尔数的经验形函数；W_2 为振幅函数。

6.5　层流边界层涡脱落噪声

层流边界层涡脱落噪声是由后缘涡脱落与后缘上游层流边界层内不稳定波的反馈循环形成的。这种噪声源最可能发生在翼型的压力面，本质上是一种谐波。

$$\mathrm{SPL}_{\mathrm{LBL\text{-}VS}}=10\lg\left(\frac{\delta_p Ma^5 L\bar{D}_L}{r^2}\right)+G_1\left(\frac{Sr'}{Sr'_{\mathrm{peak}}}\right)+G_2\left[\frac{Re_c}{(Re_c)_0}\right]+G_3(\alpha) \tag{6.12}$$

其中，δ_p 为翼型压力面的边界层厚度；G_1、G_2、G_3 是基于斯特劳哈尔数、雷诺数及迎角的经验性函数；Sr' 是基于 δ_p 的斯特劳哈尔数；$Sr'_{\mathrm{peak}}=Sr'_{\mathrm{peak}}(Re_c)$ 是峰值斯特劳哈尔数；$(Re_c)_0=(Re_c)_0(\alpha)$。

6.6　后缘钝性涡脱落噪声

涡从钝的后缘脱落后，就会产生这种噪声，若后缘厚度与后缘边界层厚度的尺度相差很大时，它在总的辐射噪声中会占有很大的比例。这种噪声源的频率和振幅主要是由后缘的几何形状决定的。

$$\mathrm{SPL}_{\mathrm{TEB\text{-}VS}}=10\lg\left(\frac{\delta_p^* Ma^5 L\bar{D}_L}{r^2}\right)+G_4\left(\frac{h}{\delta_{\mathrm{avg}}^*},\Psi_{\mathrm{TE}}\right)+G_5\left(\frac{h}{\delta_{\mathrm{avg}}^*},\Psi_{\mathrm{TE}},\frac{Sr''}{Sr''_{\mathrm{peak}}}\right) \tag{6.13}$$

其中，h 为后缘厚度；δ_{avg}^* 为翼型压力面和吸力面的位移厚度的平均值；Ψ_{TE} 为后缘角；Sr'' 是基于 h 的斯特劳哈尔数；$Sr''_{\mathrm{peak}}=Sr''_{\mathrm{peak}}(h/\delta_{\mathrm{avg}}^*)$ 为峰值斯特劳哈尔数；G_4、G_5 为经验函数。

6.7　叶尖涡形成噪声

叶尖处的后缘与叶尖涡相互作用会产生气动噪声，这种噪声源与其他几种噪声源不同，因为它实质上是三维的。产生这种噪声的声压级是涡长度的函数，它与风力机叶片上的展向载荷分布有关。一般地，叶尖噪声小于后缘噪声，但是，它会导致高频噪声的增强。

$$\mathrm{SPL}_{\mathrm{Tip}}=10\lg\left(\frac{Ma_{\max}^3 Ma^2 l_{\mathrm{tip}}^2 \bar{D}_L}{r^2}\right)-30.5(\lg Sr'''+0.3)^2+126 \tag{6.14}$$

其中，$Ma_{\max} = Ma_{\max}(\alpha_{\text{tip}})$ 为叶尖涡形成区域的最大马赫数；$l_{\text{tip}} = l_{\text{tip}}(\alpha_{\text{tip}})$ 为后缘处叶尖涡的展向宽度；Sr''' 是基于 l_{tip} 的斯特劳哈尔数。

6.8 风力机叶片噪声模拟方法

将风力机叶片沿着展向非均匀地划分出一些叶素，然后，将翼型产生噪声的模型应用到每个叶素上，在每个叶素上，相对速度和当地马赫数由叶素-动量方法求得，边界层参数可由 XFOIL 程序计算得到，最后，再将各叶素上的噪声源进行叠加，从而计算出整个风力机的声压级或声功率级。

$$\text{SPL}^{i}_{\text{Total}} = 10\lg\left(\sum_{j} 10^{0.1(\text{SPL}_j + K_{\text{A}})}\right) \tag{6.15}$$

为第 i 个叶素所有噪声源产生的噪声，其中，j 为不同的噪声源；K_{A} 为 A-加权过滤。

$$\text{SPL}_{\text{Total}} = 10\lg\left(\sum_{i} 10^{0.1\text{SPL}^{i}_{\text{Total}}}\right) \tag{6.16}$$

为整个风力机的声压级，它是对所有叶素上的噪声源叠加而得到的。

6.9 计算模型的验证

以三叶片，上风失速控制的 Bonus 300kW 风力机为例，运用噪声模型计算该风力机的声压级或声功率级，所得计算结果与实验测量结果[100]进行比较，以检验风力机噪声预测模型的有效性。具体的风力机参数可参考文献[70]和[100]。

首先，验证本书提供的预估噪声模型的基本特性，图 6-1 给出了叶片翼型采用 NACA0012 和 NACA63212 翼型计算得到的噪声谱，风速为 8m/s，观测者位于风力机下风方向 40m 的地面，由图可知，计算结果能与实验测量结果一致，噪声模型能捕捉到声功率级的基本特点。表 6-1 给出了总声功率级与实验测量所得的总声功率级的对比，由表可知，预测的总声功率级与测量结果相差不超过 2dB，与测量结果相比，误差不超过 1%。图 6-2 给出了不同风速情况下计算得到的不同频率所对应的声功率级，可清楚地看到它随频率的变化关系。表 6-2 给出了风速 4～10m/s 情况下计算得到的 A-加权的总声功率级和总声压级，由表可知，噪声是随着风速的增加而增大的，这种变化关系和文献[101]实验得到的结果一致。

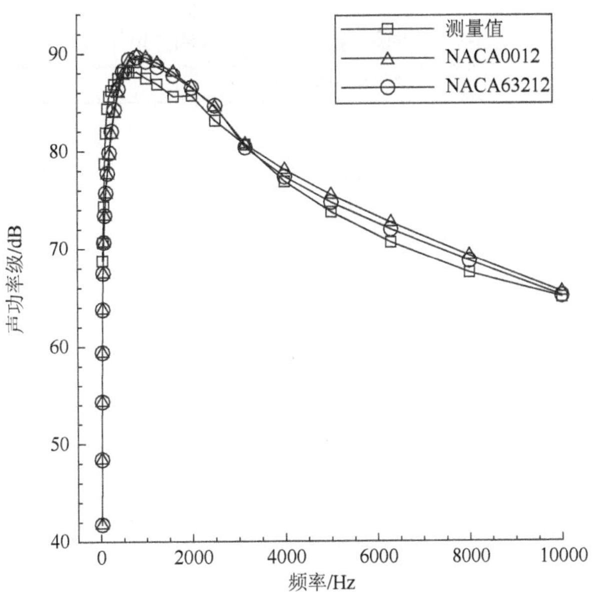

图 6-1　声功率级的计算与测量值比较

表 6-1　总的声功率级比较

翼型	计算结果	实验测量结果	误差
NACA0012	98.31dB	99.10dB	0.80%
NACA63212	98.25dB	99.10dB	0.86%

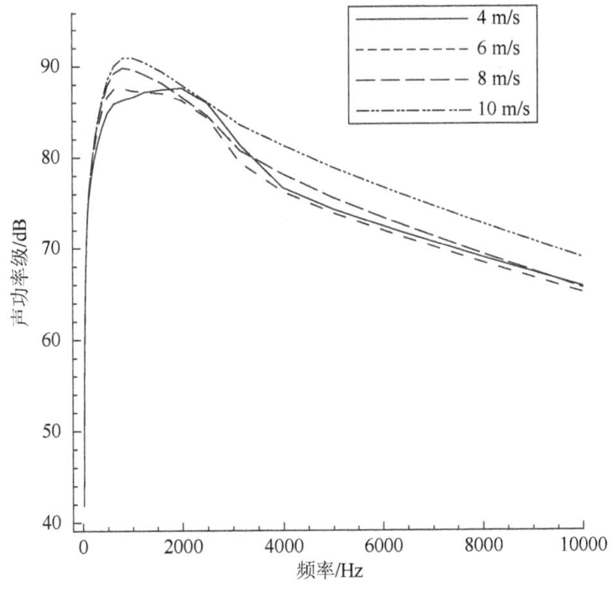

图 6-2　不同风速情况下的声功率级

表 6-2　不同风速的总声功率级和总声压级

风速/(m/s)	总声功率级/dBA	总声压级/dBA
4	96.55	51.50
5	96.67	51.62
6	96.92	51.88
7	97.33	52.28
8	98.31	53.31
9	99.27	54.23
10	99.44	54.39

6.10　参数的影响研究

本节重点研究叶片翼型、叶尖桨距角、旋转角速度及后缘厚度对该风力机噪声的影响规律。

6.10.1　叶片翼型的选取

众所周知，叶片翼型的选取对风力机的气动特性起着决定性作用，显然，它对风力机噪声影响也是很大的，为研究叶片翼型的选取对风力机噪声的影响，本书给出了不同情况下(表 6-3 中 Case 1～5)的翼型组合。针对风力机叶片的三个重要区域，即叶尖、叶片中部以及叶片根部区域，分别采用不同翼型，来计算 A-加权的声功率级变化。图 6-3 给出五种不同情况的 A-加权声功率随频率的变化曲线。由图 6-3 可知，Case1、2、4 情况下计算得到的变化曲线类似，而 Case3、5 情况计算得到的 SPL 明显略高于其他几种情况(特别是在高频情况下)，这也说明，FFAW 翼型系列以及它与 NACA 翼型的混合系列产生的噪声较大，尤其是混合系列特别明显。由表 6-4 可以看出，Case1、2、4 情况下的 A-加权的总声压级和总声功率级的大小处于同一量级，Case3、5 情况下的大小也处于同一量级，而且后者略高于前者。

表 6-3　翼型系列

情况	叶尖区域翼型	叶片中间翼型	叶片根部翼型
Case1	NACA63215	NACA63218	NACA63221
Case2	NACA63412	NACA63415	NACA63418
Case3	FFAW3241	FFAW3301	FFAW3360
Case4	NACA63218	NACA63418	NACA63618
Case5	NACA0012	NACA63418	FFAW3241

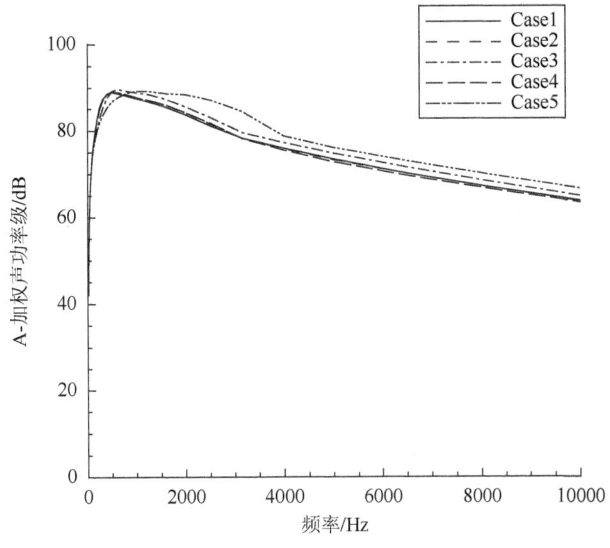

图 6-3　不同翼型系列的噪声谱

表 6-4　不同翼型系列对应的总噪声级

情况	Case1	Case2	Case3	Case4	Case5
总声压级	60.83dB	60.70dB	60.31dB	60.74dB	60.04dB
A-加权总声压级	52.80dB	52.91dB	53.24dB	52.88dB	53.33dB
总声功率级	105.87dB	105.75dB	105.35dB	105.78dB	105.09dB
A-加权总声功率级	97.84dB	97.96dB	98.29dB	97.93dB	98.37dB

6.10.2　叶尖桨距角

以 Case1 中翼型系列为例(以下研究均采用这种翼型系列)，来研究不同的叶尖桨距角对这种风力机噪声的影响。目前，风力机设计中均采用可控制的叶尖桨距角，因而研究这种影响是有意义的。图 6-4 给出了叶尖桨距角分别为−3°、−2°、−1°、0°、1°、2°、3°所对应的噪声谱。由图 6-4 可以看出，不同角度计算得到的 A-加权声功率级主要差别在于频率 200～4000Hz 的区域，而这个频率区域恰好是后缘噪声和分离失速噪声所对应的频率阶段，因此，叶尖桨距角的大小可以有效控制这两种噪声的产生。表 6-5 给出了不同角度对应的 A-加权总声压级和 A-加权总声功率级的大小。由表可知，叶尖安装角为 0°、1°时得到的噪声相对较小，这两个角度是最优的选择。

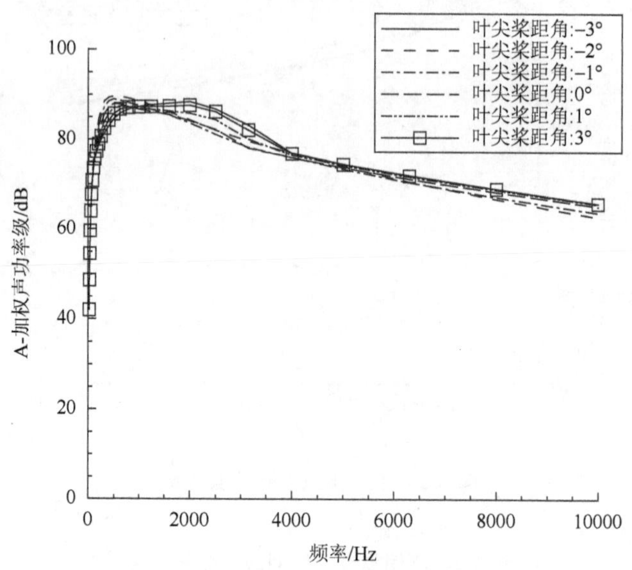

图 6-4 不同叶尖桨距角的噪声谱

表 6-5 不同叶尖桨距角对应的 A-加权的总噪声级

叶尖桨距角	−3°	−2°	−1°	0°	1°	2°	3°
A-加权总声压级	53.87dB	53.76dB	52.80dB	51.96dB	51.85dB	51.98dB	52.01dB
A-加权总声功率级	98.92dB	98.81dB	97.84dB	97.01dB	96.89dB	97.03dB	97.05dB

6.10.3 旋转角速度

图 6-5 给出了不同旋转角速度所对应的噪声谱。由图可清楚地看到，旋转角速度由 15.2r/min 逐渐增加到 35.2r/min，而同一频率下，其对应的噪声级逐渐增大，也就是说，旋转角速度是和噪声级呈正比例关系的。表 6-6 进一步表明，随着旋转角速度的增加，A-加权的总声功率级是递增的。

6.10.4 后缘的厚度

后缘厚度是风力机设计中需要考虑的一个重要参数，它对风力机的加工制

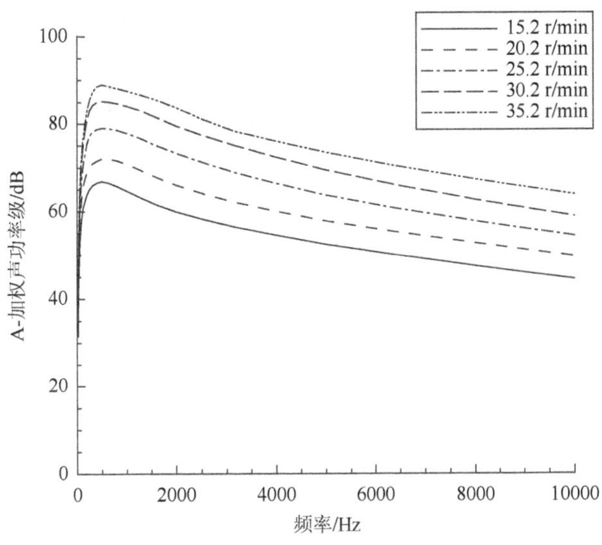

图 6-5　不同旋转角速度下的噪声谱

表 6-6　不同旋转角速度下的 A-加权总声功率级

旋转角速度	15.2r/min	20.2r/min	25.2r/min	30.2r/min	35.2r/min
A-加权总声功率级	76.13dB	81.56dB	88.41dB	94.46dB	97.85dB

造具有指导意义。同样，后缘厚度不同，气流绕过叶片，在后缘部分产生的涡脱落状态也就不同，从而，它引起的后缘涡脱落噪声级也就不同。图 6-6 分别给出了后缘厚度取为当地弦长的 0.1%、0.3%、0.5%、0.7%、0.9%时计算得到的噪声谱。由噪声谱可知，不同后缘厚度产生的噪声差别主要发生在 300～4000Hz 频率区域。图 6-7 是噪声谱的局部放大。由图可以看出，在 500～1400Hz 的频率区间，A-加权的噪声级是随着后缘厚度的增加而增大的；在 1400～4000Hz 的频率区间，变化规律不是十分明显；在其余的频率区间，噪声级基本上不随着后缘厚度的变化而变化；总体上讲，在 500～1400Hz 的频率区间上的噪声级变化规律在整个频率区域内起着决定性作用。后缘厚度取为当地弦长的 0.1%、0.3%、0.5%、0.7%、0.9%所对应 A-加权总功率级的大小分别为：97.27dB、97.48dB、97.85dB、98.18dB、98.44dB，这种变化规律进一步验证了以上结论，即 A-加权的噪声级是随着后缘厚度的增加而增大的。因而，在风力机制造过程中，尽可能使叶片后缘厚度足够薄，从而有助于降低由此产生的噪声。

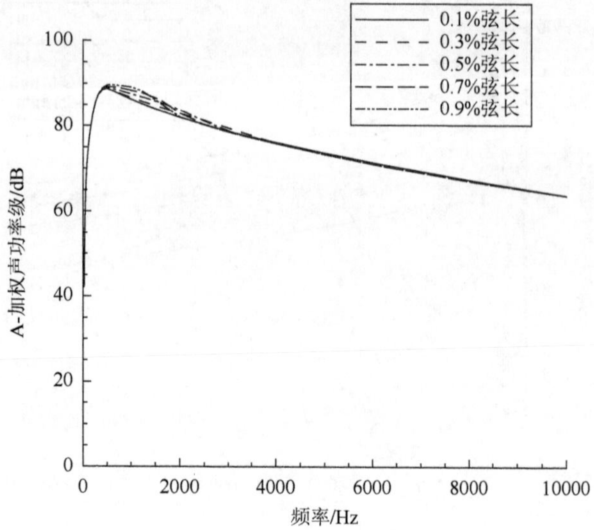

图 6-6　不同后缘厚度所对应的噪声谱

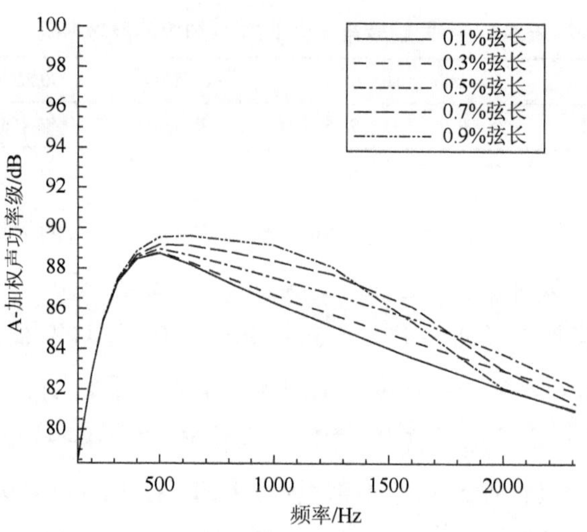

图 6-7　局部频率区间内的噪声谱

参考文献

[1] Wang Z J，Chen R F. Optimized weighted essentially nonoscillatory schemes for linear waves with discontinuity. Journal of Computational Physics，2001，174：381-404.

[2] Hixon R，Turkel E. Compact implicit MacCormack-type schemes with high accuracy. Journal of Computational Physics，2000，158：51-70.

[3] Tam C K W，Webb J C. Dispersion-relation-preserving schemes for computational acoustics. Journal of Computational Physics，1993，107：262-281.

[4] de Roeck W，Desmet W，Baelmans M，et al. On the prediction of near-field cavity flow noise using different CAA techniques. Proceedings of the International Conference on Sound and Vibration，Leuven，2004：369-388.

[5] Bogey C，Bailly C. A family of low dispersive and low dissipative explicit schemes for flow and noise computations. Journal of Computational Physics，2004，194：194-214.

[6] Tam C K W. Computational aeroacoustics：Issues and methods. AIAA Journal，1995，33(10)：1788-1796.

[7] Cheong C，Lee S. Grid-optimized dispersion-relation-preserving schemes on general geometries for computational aeroacoustics. Journal of Computational Physics，2001，174：248-276.

[8] Zhuang M，Chen R F. Applications of high-order optimized upwind schemes for computational aeroacoustics. AIAA Journal，2002，40(3)：443-449.

[9] 胡睿，李晓东. 非均匀笛卡尔坐标系网格优化频散相关保持格式研究. 航空动力学报，2005，20(1)：1-7.

[10] 罗柏华，王泽辉，刘宇陆. 非等距网格高精度差分方法用于气动声学问题计算. 上海大学学报，2004，10(1)：59-63.

[11] Gopalan H，Povitsky A. Stream function-potential function coordinates for aeroacoustics and unsteady aerodynamics. International Journal of Computational Fluid Dynamics，2009，23(3)：285-290.

[12] Visbal M R，Gaitonde D V. High-order-accurate methods for complex unsteady subsonic flows. AIAA Journal，1999，37(10)：1231-1239.

[13] Visbal M R，Gaitonde D V. On the use of higher-order finite-difference schemes on curvilinear and deforming meshes. Journal of Computational Physics，2002，181(1)：155-185.

[14] Hu F Q，Hussaini M Y，Manthey J L. Low-dissipation and dispersion Runge-Kutta schemes for computational acoustics. Computational Physics，1996，124(1)：177-191.

[15] Hu F Q. A stable perfectly matched layer for linearized Euler equations in unsplit physical varibles. Journal of Computational Physics，2001，173：455-480.

[16] Ekaterinaris J. Aeroacoustic predictions using high-order shock-capturing schemes. International Journal of Aeroacoustics，2003，2(2)：175-192.

[17] Popescu M，Shyy W，Garbey M. Finite volume treatment of dispersion relation preserving and optimized prefactored compact schemes for wave propagation. Journal of Computational Physics，2005，210(2)：705-729.

[18] Daru V，Tenaud C. Aeroacoustic computational using a high-order shock-capturing scheme. AIAA Journal，2007，45(10)：2474-2486.

[19] Zhuang M，Chen R F. Optimized upwind dispersion-relation-preserving finite difference scheme for computational aeroacoustics. AIAA Journal，1998，36(11)：2146-2148.

[20] Si H Q，Wang T Q. Grid-optimized upwind dispersion-relation-preserving scheme on non-uniform Cartesian grids for computational aeroacoustics. Aerospace Science and Technology，2008，12(8)：608-617.

[21] Adam J L，Ricot D，Dubief F，et al. Aeroacoustic simulation of automobile ventilation outlets. JASA，2008，123：3250.

[22] Balasubramanian G，Crouse B，Freed D. Numerical simulation of real world effects on sunroof buffeting of an idealized generic vehicle. AIAA Paper，2009：2009-3348.

[23] Li X D，Jiang M，Gao J H et al. Recent advances of compututional aeroacoustics. Applied Mathematics and Mechanics，2015，36（1）：131-140.

[24] Si H Q，Wang T G，Chen D. Grid-optimized upwind DRP finite difference scheme on curvilinear grids for computational aeroacoustics. Aerospace Science and Technology，2011，15：90-102.

[25] 司海青，王兵. 气动声学计算中一种声扰动方程的改进. 航空计算技术，2012，42(5)：1-3，8.

[26] Ewert R，Schroder W. Acoustic perturbation equations based on flow decomposition via source filtering. Journal of Computational Physics，2003，188：365-398.

[27] de Roeck W，Rubio G，Baelmans M，et al. Towards accurate hybrid Prediction techniques for cavity flow noise application. International Journal for Numerical Methods in Fluids，2009，61(12)：1363-1387.

[28] Bailly C，Juve D. Numerical solution of acoustic propagation problems using linearized Euler equations. AIAA Journal，2000，38：22-29.

[29] Shan X，Yuan X F，Chen H. Kinetic theory representation of hydrodynamics：A way beyond the Navier-Stokes equation. Journal of Fluid Mechanic，2006，550：413-441.

[30] Chen S，Doolen G Lattice Boltzmann method for fluid flows. Ann. Rev. Fluid Mech.，1998，30：

329-364.

[31] Hekmati A，Ricot D，Druault P. Aeroacoustic analysis of the automotive ventilation outlets using extended proper orthogonal decomposition. Proceedings of the 15th AIAA/CEAS Aeroacoustics Conference，Miami，2009.

[32] Balasubramanian G，Crouse B，Freed D. Numerical simulation of real world effects on sunroof buffeting of an idealized generic vehicle. AIAA Paper，2009：2009-3348.

[33] Shu C，Peng Y，Zhou C F，et al. Application of Taylor series expansion and least squares-based LBM to simulate turbulent flows. Journal of Turbulence，2006，7：1-12.

[34] Keating A，Dethioux P，Satti R，et al. Computational aeroacoustics validation and analysis of a nose landing gear. AIAA Paper，2009：2009-3154.

[35] Buick J M，Greated C A，Campbell D M. Lattice BGK simulation of sound waves. Europhys. Lett.，1998，43(3)：235-240.

[36] Dellar P J. Bulk and shear viscosities in lattice Boltzmann equations. Phys. Rev. E.，2001，64(3)：031203.

[37] Brés G A，Perot F，Freed D. Properties of the lattice-Boltzmann method for acoustics. AIAA Paper，2009：2009-3395.

[38] Crouse B，et al. Fundamental aeroacoustic capabilities of the lattice-Boltzmann method. AIAA Paper，2006：2006-2571.

[39] Najafiyazdi A，Mongeau L. A perfectly matched layer formulation for the lattice Boltzmann method. AIAA Paper，2009：2009-3117.

[40] Marié S，Ricot D，Sagaut P. Comparison between lattice Boltzmann method and Navier-Stokes high order schemes for computational aeroacoustics. Journal of Computational Physics，2009，228：1056-1070.

[41] Li X，Leung R，So R M C. One-step aeroacoustics simulation using lattice Boltzmann method. AIAA Journal，2006，44(1)：78-89.

[42] Lew P T，Lyrintzis A，Crouse B，et al. Noise prediction of a subsonic turbulent round jet using the Lattice-Boltzmann method. AIAA Paper，2007：2007-3636.

[43] Adam JL，Rico D，Menoret A. Direct aeroacoustic source identification based on lattice Boltzmann simulation and beamforming technique. AIAA Paper，2009：2009-3182.

[44] Najafiyazdi A，Mongeau L，Lew P，On the accuracy of multi-block lattice Boltzmann methods for aeroacoustic simulations. AIAA Paper，2008：2008-2972.

[45] Satti R，Li Y，Shock R，Noelting S. Aeroacoustics analysis of a high-lift trapezoidal wing using a lattice Boltzamnn method. AIAA，2008：2008-3048.

[46] Lafitte A，Perot F. Investigation of the noise generated by cylinder flows using a direct lattice-Boltzmann approach. AIAA Paper，2009：2009-3268.

[47] Kam E W S，So R M C，Leung R C K. Lattice Boltzmann method simulation of aeroacousitcs and nonreflecting boundary conditions. AIAA Journal，2007，45(7)：1703-1712.

[48] Tam C K W，Dong Z. Wall boundary conditions for high-order finite difference scheme in computational aeroacoustics. AIAA Paper，1994：1994-0457.

[49] Chen S Y，Martinez D，Mei R W. On boundary conditions in lattice Boltzmann methods. Physics of Fluids，1996，8(9)：2257-2536.

[50] Noble D R，Chen S，Georgiadis J G，et al. A consistent hydrodynamics boundary condition for the lattice Boltzmann method. Physics of Fluids，1995，7：203-209.

[51] Inamuro T，Yoshino M，Ogino F. A non-slip boundary condition fro lattice Boltzmann simulations. Physics of Fluids，1995，7(12)：2928-2836.

[52] Zou Q S，He X Y. On pressure and velocity boundary conditions for the lattice Boltzmann BGK model. Physics of Fluids，1997，9：1591-1598.

[53] Guo Z L，Zheng C G，Shi B C. Non-equilibrium extrapolation method for velocity and boundary conditions in the lattice Boltzmann method. Chinese Physics，2002，11(4)：366-374.

[54] Bhatnagar P，Gross E P，Krook M K. A model for collision processes in Gases，small amplitude processes in charged and neutral one-component systems. Physics Review，1954，94(3)：515-525.

[55] Chapman S，Cowling T. The Mathematical Theory of Non-uniform Gases. Cambridge：Cambridge University Press，1990.

[56] He X，Luo L S. Theory of the lattice Boltzmann method：From the Boltzmann equation to the lattice Boltzmann equation. Phys. Rev. E，1997，56：6811-6817.

[57] Doolan C J. Flat-plate interaction with the near wake of a square cylinder. AIAA Journal，2009，47：475-478.

[58] Sohankar A，Norberg C，Davidson L. Low-Reynolds-number flow around a square cylinder at incidence：Study of blockage，onset of vortex shedding and outlet boundary condition. International Journal of Numerical Methods in Fluids，1998，26(1)：39-56.

[59] Ali M S M，Doolan C J，Wheatley V. The sound generated by a square cylinder with a splitter plate at low Reynolds number. Journal of Sound and Vibration，2011，330：3620-3635.

[60] Okajima A. Strouhal numbers of rectangular cylinders. Journal of Fluid Mechanics，1982，123：379-398.

[61] Lighthill M J. On sound generated aerodynamically：General theory. Proceeding of The Royal Society A，1952，211：564-578.

[62] Casalino D. An advanced time approach for acoustic analogy predictions. Journal of Sound

and Vibration ，2003，261：583-612.

[63] Kierkegaard A，Efraimsson G. A numerical investigation of interpolation methods for acoustic analogies. AIAA Paper，2010：2010-3997.

[64] Wagner S，Bareiss R，Guidati G. Wind Turbine Noise. Berlin：Springer，1996：1-205.

[65] Brooks T F，Pope D S，Marconlini M A. Airfoil Self-Noise Prediction. Washington：NASA RP，1989.

[66] Lowson M V. Assessment and prediction of wind turbine noise. Flow Solution Report 92/19，ETSU W 13/00284/REP，Bristol，1992：1-59.

[67] Bareiss R，Guidati G，Wagner S. An approach towards refined noise prediction of wind turbines. Proceedings of the European Wind Energy Association Conference & Exhibition，1984，1：785-790.

[68] Drela M，Youngren H. XFOIL 6.94 User Guide. Cambridge：Massachusetts Institute of Technology，2001.

[69] Moriarty P J，Guidati G，Migliore P G. Recent improvement of a semi-empirical aeroacoustic prediction code for wind turbines. AIAA 2004-3041.

[70] Zhu W J，Heilskov N，Shen W Z，et al. Modeling of aerodynamically generated noise from wind turbines. Journal of Solar Energy Engineering，2005，127：517-528.

[71] Zhu W J. Aero-acoustic of Computations of Wind Turbines. 2007.

[72] Si H Q，Shen W Z，Zhu W J. Effect of non-uniform mean flow field on acoustic propagation problems in computational aeroacoustics. Aerospace Science and Technology，2013，28(1)：145-153.

[73] Vasilyev O V，Lund T S，Moin P. A general class of commutative filters for LES in complex geometries. Journal of Computational Physics，1998，146：82-104.

[74] Bogey C，Bailly C，Juve D. Computation of flow noise using source terms in linearized Euler's equations. AIAA Journal，2002，40(2)：235-243.

[75] Bailly C，Juv D. Numerical solution of acoustic propagation problems using linearized Euler equations. AIAA Journal，2000，38：22-29.

[76] Wolf A，Lutz T，Würz W，et al. Trailing edge noise reduction of wind turbine blades by active flow control. Journal of Wind Energy，online：17 MAR 2014，DOI：10.1002/we.1737.

[77] Hutcheson F V. PIV measurements on a blowing flap. NASA Report AIAA，2005：2005-212.

[78] Howe M S. A review of the theory of trailing edge noise. Sound Vib.，1978，61(3)，437-465.

[79] Howe M S. Noise produced by a sawtooth trailing edge. Journal of the Acoustic Society of America，1991，90(1)：482-487.

[80] Braun K A，van der Borg N J C M ，Dassen A G M，et al. Serrated trailing edge noise. EU

Wind Energy Conference，Dublin，1999.

[81] Chong T P，Joseph P F. An experimental study of airfoil instability tonal noise with trailing edge serrations. Sound Vib.，2013，332(24)：6335-6358.

[82] Jaworski J W，Peake N. Aerodynamic noise from a poroelastic edge with implications for the silent flight of owls. Fluid Mech.，2013，723：456-479.

[83] Bachmann T，Wagner H. The three-dimensional shape of serrations at barn owl wings：Towards a typical natural serration as a role model for biomimetic applications. Journal of anatomy，See comment in PubMed Commons below，2011，219(2)：192-202.

[84] Oerlemans S，Fisher M，Maeder T，et al. Reduction of wind turbine noise using optimized airfoils and trailing edge serrations. AIAA J，2009，47(6)：1470-1481.

[85] Kopiev V F，Zaitsev M Y，Belyaev I V. Noise reduction potential through slat hook serrations. 17th AIAA/CEAS Aeroacoustics Conference(32nd AIAA Aeroacoustics Conference)，Portland，2011.

[86] Benyus J M. Innovation Inspired by Nature. New York：Perennial，2002.

[87] Dassen T，Parchen R，Bruggeman J，et al. Results of a wind tunnel study on the reduction of airfoil self-noise by the application of serrated blade trailing edges. European Union Wind Energy Conference and Exhibition，Gothenburg，1996：800-803.

[88] Moreau D J，Brooks L A，Doolan C J. On the noise reduction mechanism of a flat plate serrated trailing edge at low-to-moderate Reynolds number. AIAA Paper，2012：2012-2186.

[89] Chong T P，Joseph P F，Gruber M. Airfoil self-noise reduction by non-flat plate type trailing edge serrations. Appl. Acoust，2013，74：607-613.

[90] Gruber M，Joseph P，Chong T. Experimental investigation of airfoil self-noise and turbulent wake reduction by the use of trailing edge serrations. 16th AIAA/CEAS Aeroacoustics Conference，Stockholm，2010.

[91] Sandberg R D，Jones L E. Direct numerical simulations of low Reynolds number flow over airfoils with trailing-edge serrations. Journal of Sound and Vibration，2011，330(16)：3818-3831.

[92] Ffowcs Williams J E，Hawkings D L. Sound generated by turbulence and surfaces in arbitrary motion. Philosophical Transactions of the Royal Society，1969，A264：321-342.

[93] Farassat F. Derivation of formulations 1 and 1A of Farassat. NASA/TM-2007-214853，2007.

[94] Michelsen J A. General curvilinear transformation of the Navier-Stokes equations in a 3D polar rotating frame. Technical Report AFM，Denmark，1998.

[95] Sørensen N N. General purpose flow solver applied over hills. RISØ-R-827-(EN)，Denmark，1995.

[96] Mary I，Sagaut P. Large eddy simulation of flow around an airfoil near stall. AIAA，2002，40(6)：1139-1145.

[97] Zhu W J，Shen W Z，Bertagnolio F，et al. Comparisons between LES and wind tunnel hot-wire measurements of a NACA 0015 airfoil. Proceedings of EWEA 2012-European Wind Energy Conference & Exhibition，Denmark，2012：975-982.

[98] Amiet R K. Acoustic radiation from an airfoil in a turbulent stream. Journal of Sound Vibration，1975，41(4)：407-420.

[99] Couniham J. Adiabatic atmospheric boundary layer：A reviewed and analysis of data from the period 1880-1972，Atmos. Environ.，1975，9：871-905.

[100] Jakobosen J，Andersen B. Aerodynamical noise from wind turbine generators. Danish Acoustic Institute，1993：LI 464/93D/70.89-464.1.

[101] Tsuei K Y，Kuo S F，et al. Research on noise profiles induced by wind turbine under different wind speeds. 37th International Congress and Exposition on Noise Control Engineering，Shanghai，2008.

[102] 司海青，王同光. 非均匀网格上优化的迎风型 DRP 格式研究. 第十三届全国计算流体力学会议论文集，丹东，2007：18-21.

[103] Lele S K. Compact finite difference schemes with spectral-like resolution. Comput.Phy.，1992，(103)：16-42.

[104] Kim J W，Lee D J. Optimized compact finite difference schemes with maximum resolution. AIAA J.，1996，(34)：887-893.

[105] Bogey C，Bailly C. A family of low dispersion and low dissipative explicit schemes for flow and noise computations. J. Comput.Phy.，2004，(194)：194-214.

[106] Berland J，Bogey C，Bailly C. Low-dissipation and lowdispersion fourth-order Runge-Kutta algorithm. Computers & Fluids，2006，35：1459-1463.

[107] Colonius T，Lele S K. Computational aeroacousrics：Progress on nonlinear problems of sound generation. Annu. Rev. Fluid Mech.，2004，38：483-512.

[108] Vasilyev O V，Lund T S，Moin P. Construction of commututive filters for LES in complex geometries. Aps Division of Fluid Dynamics Meeting，1997，146（1)：82-104.

[109] Berland J，Bogey C，Marsden O，et al. High-order，low dispersive and low dissipative explicit schemes for multiple-scale and boundary problems. Journal of Computation Physics，2007，224(2)：637-662.

[110] Visbal M R，Gaitonde D V. Very high-order spatially implicit schemes for computational acoustics on curvilinear meshes. Comp. Acoustics，2001，9：1259-1286.

[111] Gaitonde D V，Visbal M R. Pade-type higher-order boundary filters for the Navier-Stokes equations. AIAA J.，2000，38：21032112.

[112] Bogey C，Bailly C. Three-dimensional non-reflective boundary conditions for acoustic simulations：Far field formulation and validation test cases. ACTA Acoustica United with Acoustica，2002，88：463-471.

[113] Israeli M，Orszag S. Approximation of radiation boundary conditions. Comput. Phys.，1981，41：115-135.

[114] Adams N A. Direct numerical simulation of turbulent compressible ramp flow. Theoret. Comput. Fluid Dyn.，1998，12：109-129.

[115] Kim J W. Optimised boundary compact finite difference schemes for computational aeroacoustics. Comput. Phy.，2007，225：995-1019.

[116] Djambazov G S，Lai C H，Pericleous K A. Staggered-mesh computation for aerodynamic sound. AIAA J.，2000，38：16-21.

[117] Thompson K W. Time dependent boundary conditions for hyperbolic systems. Comput. Phys.，1987，68：1-24.

[118] Thompson K W. Time dependent boundary conditions for hyperbolic systems. Comput. Phys.，1990，89：439-461.

[119] Bayliss A，Turkel E. Far-field boundary conditions for compressible flows. Comput. Phys.，1982，48：182-199.

[120] Hu F Q. On absorbing boundary conditions for linearized Euler equations by a perfect matched layer. Comput. Phys.，1996，129：201-219.

[121] Giles M B. Nonreflecting boundary conditions for Euler equation calculations. AIAA J.，1990，28：2050-2058.

[122] Hixon R，Shih S H，Mankbadi R R. Evaluation of boundary conditions for computationa aeroacoustics. AIAA J.，1995，33：2006-2012.

[123] Colonius T，Lele S K. Computational aeroacoustics：Progress on nonlinear problems of sound generation. Progress in Aerospace Sci.，2004，40：345-416.

附　录　A

$$
\begin{aligned}
\frac{\partial E}{\partial a_{\xi,-N+1}} &= \int_0^{e_{r2}}\int_0^{e_{r1}}\left[2\overline{\alpha_r\Delta x}\frac{\partial(\overline{\alpha_r\Delta x})}{\partial a_{\xi,-N+1}} - 2k_1\frac{\partial(\overline{\alpha_r\Delta x})}{\partial a_{\xi,-N+1}} + 2\overline{\beta_r\Delta y}\frac{\partial(\overline{\beta_r\Delta y})}{\partial a_{\xi,-N+1}}\right.\\
&\quad\left.-2k_2\frac{\partial(\overline{\beta_r\Delta y})}{\partial a_{\xi,-N+1}}\right]\mathrm{d}k_1\,\mathrm{d}k_2 + \lambda\int_0^{e_{i2}}\int_0^{e_{i1}}\left\{2\overline{\alpha_i\Delta x}\frac{\partial(\overline{\alpha_i\Delta x})}{\partial a_{\xi,-N+1}} + 2\overline{\alpha_i\Delta x}\frac{\partial(\overline{\beta_i\Delta y})}{\partial a_{\xi,-N+1}}\right.\\
&\quad + 2\overline{\beta_i\Delta y}\frac{\partial(\overline{\alpha_i\Delta x})}{\partial a_{\xi,-N+1}} + 2\overline{\beta_i\Delta y}\frac{\partial(\overline{\beta_i\Delta y})}{\partial a_{\xi,-N+1}}\\
&\quad + 2\frac{\partial(\overline{\alpha_i\Delta x})}{\partial a_{\xi,-N+1}}\mathrm{Sgn}(c)\exp\left[-\ln 2\left(\frac{\sqrt{k_1^2+k_2^2}-\pi}{\sigma}\right)^2\right]\\
&\quad\left. + 2\frac{\partial(\overline{\beta_i\Delta y})}{\partial a_{\xi,-N+1}}\mathrm{Sgn}(c)\exp\left[-\ln 2\left(\frac{\sqrt{k_1^2+k_2^2}-\pi}{\sigma}\right)^2\right]\right\}\mathrm{d}k_1\,\mathrm{d}k_2\\
&= \int_0^{e_{r2}}\int_0^{e_{r1}}\left[(2\overline{\alpha_r\Delta x}-2k_1)J\overline{\Delta x}\sum_{j=-N}^{M}\Delta C_{-N+1,j}Sy\eta_j\right.\\
&\quad\left.-(2\overline{\beta_r\Delta y}-2k_2)J\overline{\Delta y}\sum_{j=-N}^{M}\Delta C_{-N+1,j}Sy\eta_j\right]\mathrm{d}k_1\,\mathrm{d}k_2\\
&\quad + \lambda\int_0^{e_{i2}}\int_0^{e_{i1}}\left(-\left\{2\overline{\alpha_i\Delta x}+2\overline{\beta_i\Delta y}+2\mathrm{Sgn}(c)\exp\left[-\ln 2\left(\frac{\sqrt{k_1^2+k_2^2}-\pi}{\sigma}\right)^2\right]\right\}\right)\\
&\quad \cdot J\overline{\Delta x}\sum_{j=-N}^{M}\Delta C_{-N+1,j}Cy\eta_j + \left\{2\overline{\alpha_i\Delta x}+2\overline{\beta_i\Delta y}\right.\\
&\quad\left. + 2\mathrm{Sgn}(c)\exp\left[-\ln 2\left(\frac{\sqrt{k_1^2+k_2^2}-\pi}{\sigma}\right)^2\right]\right\}\\
&\quad \cdot J\overline{\Delta x}\sum_{j=-N}^{M}\Delta C_{-N+1,j}Cx\eta_j\mathrm{d}k_1\,\mathrm{d}k_2 = 0
\end{aligned}
\tag{A.1}
$$

$$
\begin{aligned}
\frac{\partial E}{\partial a_{\eta,-N+1}} = & \int_0^{e_{r2}}\int_0^{e_{r1}}\left[2\overline{\alpha_r\Delta x}\frac{\partial(\overline{\alpha_r\Delta x})}{\partial a_{\eta,-N+1}} - 2k_1\frac{\partial(\overline{\alpha_r\Delta x})}{\partial a_{\eta,-N+1}} + 2\overline{\beta_r\Delta y}\frac{\partial(\overline{\beta_r\Delta y})}{\partial a_{\eta,-N+1}}\right.\\
& \left.- 2k_2\frac{\partial(\overline{\beta_r\Delta y})}{\partial a_{\eta,-N+1}}\right]\mathrm{d}k_1\,\mathrm{d}k_2\\
& + \lambda\int_0^{e_{i2}}\int_0^{e_{i1}}\left\{2\overline{\alpha_i\Delta x}\frac{\partial(\overline{\alpha_i\Delta x})}{\partial a_{\eta,-N+1}} + 2\overline{\alpha_i\Delta x}\frac{\partial(\overline{\beta_i\Delta y})}{\partial a_{\eta,-N+1}}\right.\\
& + 2\overline{\beta_i\Delta y}\frac{\partial(\overline{\alpha_i\Delta x})}{\partial a_{\eta,-N+1}} + 2\overline{\beta_i\Delta y}\frac{\partial(\overline{\beta_i\Delta y})}{\partial a_{\eta,-N+1}}\\
& + 2\frac{\partial(\overline{\alpha_i\Delta x})}{\partial a_{\eta,-N+1}}\mathrm{Sgn}(c)\exp\left[-\ln 2\left(\frac{\sqrt{k_1^2+k_2^2}-\pi}{\sigma}\right)^2\right]\\
& \left.+ 2\frac{\partial(\overline{\beta_i\Delta y})}{\partial a_{\eta,-N+1}}\mathrm{Sgn}(c)\exp\left[-\ln 2\left(\frac{\sqrt{k_1^2+k_2^2}-\pi}{\sigma}\right)^2\right]\right\}\mathrm{d}k_1\,\mathrm{d}k_2\\
= & \int_0^{e_{r2}}\int_0^{e_{r1}}\left[-(2\overline{\alpha_r\Delta x}-2k_1)J\overline{\Delta x}\sum_{j=-N}^{M}\Delta C_{-N+1,j}Sy\xi_j\right.\\
& \left.+ (2\overline{\beta_r\Delta y}-2k_2)J\overline{\Delta y}\sum_{j=-N}^{M}\Delta C_{-N+1,j}Sx\xi_j\right]\mathrm{d}k_1\,\mathrm{d}k_2\\
& + \lambda\int_0^{e_{i2}}\int_0^{e_{i1}}\left(\left\{2\overline{\alpha_i\Delta x} + 2\overline{\beta_i\Delta y} + 2\mathrm{Sgn}(c)\exp\left[-\ln 2\left(\frac{\sqrt{k_1^2+k_2^2}-\pi}{\sigma}\right)^2\right]\right\}\right.\\
& \cdot J\overline{\Delta x}\sum_{j=-N}^{M}\Delta C_{-N+1,j}Cy\xi_j - \left\{2\overline{\alpha_i\Delta x} + 2\overline{\beta_i\Delta y}\right.\\
& \left.+\mathrm{Sgn}(c)\exp\left[-\ln 2\left(\frac{\sqrt{k_1^2+k_2^2}-\pi}{\sigma}\right)^2\right]\right\}\\
& \left.\cdot J\overline{\Delta x}\sum_{j=-N}^{M}\Delta C_{-N+1,j}Cx\xi_j\right)\mathrm{d}k_1\,\mathrm{d}k_2 = 0
\end{aligned}
\tag{A.2}
$$

$$
\begin{aligned}
\frac{\partial E}{\partial a_{\xi,-N}} &= \int_0^{e_{r2}}\int_0^{e_{r1}}\left[2\overline{\alpha_r \Delta x}\frac{\partial(\overline{\alpha_r \Delta x})}{\partial a_{\xi,-N}} - 2k_1\frac{\partial(\overline{\alpha_r \Delta x})}{\partial a_{\xi,-N}} + 2\overline{\beta_r \Delta y}\frac{\partial(\overline{\beta_r \Delta y})}{\partial a_{\xi,-N}}\right.\\
&\qquad \left. -2k_2\frac{\partial(\overline{\beta_r \Delta y})}{\partial a_{\xi,-N}}\right]\mathrm{d}k_1\,\mathrm{d}k_2\\
&\qquad +\lambda\int_0^{e_{i2}}\int_0^{e_{i1}}\left\{2\overline{\alpha_i \Delta x}\frac{\partial(\overline{\alpha_i \Delta x})}{\partial a_{\xi,-N}} + 2\overline{\alpha_i \Delta x}\frac{\partial(\overline{\beta_i \Delta y})}{\partial a_{\xi,-N}}\right.\\
&\qquad +2\overline{\beta_i \Delta y}\frac{\partial(\overline{\alpha_i \Delta x})}{\partial a_{\xi,-N}} + 2\overline{\beta_i \Delta y}\frac{\partial(\overline{\beta_i \Delta y})}{\partial a_{\xi,-N}}\\
&\qquad +2\frac{\partial(\overline{\alpha_i \Delta x})}{\partial a_{\xi,-N}}\mathrm{Sgn}(c)\exp\left[-\ln 2\left(\frac{\sqrt{k_1^2+k_2^2}-\pi}{\sigma}\right)^2\right]\\
&\qquad \left.+2\frac{\partial(\overline{\beta_i \Delta y})}{\partial a_{\xi,-N}}\mathrm{Sgn}(c)\exp\left[-\ln 2\left(\frac{\sqrt{k_1^2+k_2^2}-\pi}{\sigma}\right)^2\right]\right\}\mathrm{d}k_1\,\mathrm{d}k_2\\
&= \int_0^{e_{r2}}\int_0^{e_{r1}}\left[(2\overline{\alpha_r \Delta x}-2k_1)J\overline{\Delta x}\sum_{j=-N}^{M}\Delta C_{-N,j}Sy\eta_j\right.\\
&\qquad \left.-(2\overline{\beta_r \Delta y}-2k_2)J\overline{\Delta y}\sum_{j=-N}^{M}\Delta C_{-N,j}Sx\eta_j\right]\mathrm{d}k_1\,\mathrm{d}k_2\\
&\qquad +\lambda\int_0^{e_{i2}}\int_0^{e_{i1}}\left(-\left\{2\overline{\alpha_i \Delta x}+2\overline{\beta_i \Delta y}+2\mathrm{Sgn}(c)\exp\left[-\ln 2\left(\frac{\sqrt{k_1^2+k_2^2}-\pi}{\sigma}\right)^2\right]\right\}\right.\\
&\qquad \cdot J\overline{\Delta x}\sum_{j=-N}^{M}\Delta C_{-N,j}Cy\eta_j + \left\{2\overline{\alpha_i \Delta x}+2\overline{\beta_i \Delta y}\right.\\
&\qquad \left.+\mathrm{Sgn}(c)\exp\left[-\ln 2\left(\frac{\sqrt{k_1^2+k_2^2}-\pi}{\sigma}\right)^2\right]\right\}\\
&\qquad \left.\cdot J\overline{\Delta x}\sum_{j=-N}^{M}\Delta C_{-N,j}Cx\eta_j\right)\mathrm{d}k_1\,\mathrm{d}k_2 = 0
\end{aligned}
\tag{A.3}
$$

$$
\begin{aligned}
\frac{\partial E}{\partial a_{\eta,-N}} = & \int_0^{e_{r2}}\int_0^{e_{r1}}\left[2\overline{\alpha_r\Delta x}\frac{\partial(\overline{\alpha_r\Delta x})}{\partial a_{\eta,-N}} - 2k_1\frac{\partial(\overline{\alpha_r\Delta x})}{\partial a_{\eta,-N}} + 2\overline{\beta_r\Delta y}\frac{\partial(\overline{\beta_r\Delta y})}{\partial a_{\eta,-N}}\right.\\
& \left. - 2k_2\frac{\partial(\overline{\beta_r\Delta y})}{\partial a_{\eta,-N}}\right]\mathrm{d}k_1\,\mathrm{d}k_2\\
& + \lambda\int_0^{e_{i2}}\int_0^{e_{i1}}\left\{2\overline{\alpha_i\Delta x}\frac{\partial(\overline{\alpha_i\Delta x})}{\partial a_{\eta,-N}} + 2\overline{\alpha_i\Delta x}\frac{\partial(\overline{\beta_i\Delta y})}{\partial a_{\eta,-N}}\right.\\
& + 2\overline{\beta_i\Delta y}\frac{\partial(\overline{\alpha_i\Delta x})}{\partial a_{\eta,-N}} + 2\overline{\beta_i\Delta y}\frac{\partial(\overline{\beta_i\Delta y})}{\partial a_{\eta,-N}}\\
& + 2\frac{\partial(\overline{\alpha_i\Delta x})}{\partial a_{\eta,-N}}\mathrm{Sgn}(c)\exp\left[-\ln 2\left(\frac{\sqrt{k_1^2+k_2^2}-\pi}{\sigma}\right)^2\right]\\
& \left. +2\frac{\partial(\overline{\beta_i\Delta y})}{\partial a_{\eta,-N}}\mathrm{Sgn}(c)\exp\left[-\ln 2\left(\frac{\sqrt{k_1^2+k_2^2}-\pi}{\sigma}\right)^2\right]\right\}\mathrm{d}k_1\,\mathrm{d}k_2\\
= & \int_0^{e_{r2}}\int_0^{e_{r1}}\left[-(2\overline{\alpha_r\Delta x} - 2k_1)J\overline{\Delta x}\sum_{j=-N}^{M}\Delta C_{-N,j}Sy\xi_j + (2\overline{\beta_r\Delta y}\right.\\
& \left. - 2k_2)J\overline{\Delta y}\sum_{j=-N}^{M}\Delta C_{-N,j}Sx\xi_j\right]\mathrm{d}k_1\,\mathrm{d}k_2\\
& + \lambda\int_0^{e_{i2}}\int_0^{e_{i1}}\left(\left\{2\overline{\alpha_i\Delta x} + 2\overline{\beta_i\Delta y} + 2\mathrm{Sgn}(c)\exp\left[-\ln 2\left(\frac{\sqrt{k_1^2+k_2^2}-\pi}{\sigma}\right)^2\right]\right\}\right.\\
& \cdot J\overline{\Delta x}\sum_{j=-N}^{M}\Delta C_{-N,j}Cy\xi_j - \left\{2\overline{\alpha_i\Delta x} + 2\overline{\beta_i\Delta y}\right.\\
& \left. + \mathrm{Sgn}(c)\exp\left[-\ln 2\left(\frac{\sqrt{k_1^2+k_2^2}-\pi}{\sigma}\right)^2\right]\right\}\\
& \left.\cdot J\overline{\Delta x}\sum_{j=-N}^{M}\Delta C_{-N,j}Cx\xi_j\right)\mathrm{d}k_1\,\mathrm{d}k_2 = 0\,\mathrm{p}
\end{aligned}
\tag{A.4}
$$

$$
\begin{aligned}
E_{11} = \int_0^{e_{r2}} \int_0^{e_{r1}} & \left(J\overline{\Delta x} \sum_{j=-N}^{M} \Delta C_{-N+1,j} Sy\eta_j J\overline{\Delta x} \sum_{j=-N}^{M} \Delta C_{-N+1,j} Sy\eta_j \right. \\
& \left. + J\overline{\Delta y} \sum_{j=-N}^{M} \Delta C_{-N+1,j} Sx\eta_j J\overline{\Delta y} \sum_{j=-N}^{M} \Delta C_{-N+1,j} Sx\eta_j \right) \mathrm{d}k_1 \, \mathrm{d}k_2 \\
& + \lambda \int_0^{e_{i2}} \int_0^{e_{i1}} \left[J\overline{\Delta x} \sum_{j=-N}^{M} \Delta C_{-N+1,j} Cy\eta_j J\overline{\Delta x} \sum_{j=-N}^{M} \Delta C_{-N+1,j} Cy\eta_j \right. \\
& + J\overline{\Delta x} \left(-\sum_{j=-N}^{M} \Delta C_{-N+1,j} Cy\eta_j \right) J\overline{\Delta y} \sum_{j=-N}^{M} \Delta C_{-N+1,j} Cx\eta_j \\
& + J\overline{\Delta y} \sum_{j=-N}^{M} \Delta C_{-N+1,j} Cx\eta_j J\overline{\Delta x} \sum_{j=-N}^{M} \Delta C_{-N+1,j} Cy\eta_j \\
& \left. + J\overline{\Delta y} \sum_{j=-N}^{M} \Delta C_{-N+1,j} Cx\eta_j J\overline{\Delta y} \sum_{j=-N}^{M} \Delta C_{-N+1,j} Cx\eta_j \right] \mathrm{d}k_1 \, \mathrm{d}k_2
\end{aligned} \tag{A.5}
$$

$$
\begin{aligned}
E_{12} = \int_0^{e_{r2}} \int_0^{e_{r1}} & \left(J\overline{\Delta x} \sum_{j=-N}^{M} \Delta C_{-N,j} Sy\eta_j J\overline{\Delta x} \sum_{j=-N}^{M} \Delta C_{-N+1,j} Sy\eta_j \right. \\
& \left. + J\overline{\Delta y} \sum_{j=-N}^{M} \Delta C_{-N,j} Sx\eta_j J\overline{\Delta y} \sum_{j=-N}^{M} \Delta C_{-N+1,j} Sx\eta_j \right) \mathrm{d}k_1 \, \mathrm{d}k_2 \\
& + \lambda \int_0^{e_{i2}} \int_0^{e_{i1}} \left[J\overline{\Delta x} \sum_{j=-N}^{M} \Delta C_{-N,j} Cy\eta_j J\overline{\Delta x} \sum_{j=-N}^{M} \Delta C_{-N+1,j} Cy\eta_j \right. \\
& + J\overline{\Delta x} \left(-\sum_{j=-N}^{M} \Delta C_{-N,j} Cy\eta_j \right) J\overline{\Delta y} \sum_{j=-N}^{M} \Delta C_{-N+1,j} Cx\eta_j \\
& + J\overline{\Delta y} \sum_{j=-N}^{M} \Delta C_{-N,j} Cx\eta_j J\overline{\Delta x} \sum_{j=-N}^{M} \Delta C_{-N+1,j} Cy\eta_j \\
& \left. + J\overline{\Delta y} \sum_{j=-N}^{M} \Delta C_{-N,j} Cx\eta_j J\overline{\Delta y} \sum_{j=-N}^{M} \Delta C_{-N+1,j} Cx\eta_j \right] \mathrm{d}k_1 \, \mathrm{d}k_2
\end{aligned} \tag{A.6}
$$

$$
\begin{aligned}
E_{13} = & \int_0^{e_{r2}} \int_0^{e_{r1}} \left[-J\overline{\Delta x} \sum_{j=-N}^{M} \Delta C_{-N+1,j} Sy\xi_j J\overline{\Delta x} \sum_{j=-N}^{M} \Delta C_{-N+1,j} Sy\eta_j \right. \\
& \left. + J\overline{\Delta y} \sum_{j=-N}^{M} \Delta C_{-N+1,j} Sx\xi_j \left(-J\overline{\Delta y} \sum_{j=-N}^{M} \Delta C_{-N+1,j} Sx\eta_j \right) \right] \mathrm{d}k_1 \, \mathrm{d}k_2 \\
& + \lambda \int_0^{e_{i2}} \int_0^{e_{i1}} \left[J\overline{\Delta x} \sum_{j=-N}^{M} \Delta C_{-N+1,j} Cy\xi_j \left(-J\overline{\Delta x} \sum_{j=-N}^{M} \Delta C_{-N+1,j} Cy\eta_j \right) \right. \\
& + J\overline{\Delta x} \left(\sum_{j=-N}^{M} \Delta C_{-N+1,j} Cy\xi_j \right) J\overline{\Delta y} \sum_{j=-N}^{M} \Delta C_{-N+1,j} Cx\eta_j \\
& + J\overline{\Delta y} \sum_{j=-N}^{M} \Delta C_{-N+1,j} Cx\xi_j J\overline{\Delta x} \sum_{j=-N}^{M} \Delta C_{-N+1,j} Cy\eta_j \\
& \left. + \left(-J\overline{\Delta y} \sum_{j=-N}^{M} \Delta C_{-N+1,j} Cx\eta_j \right) J\overline{\Delta y} \sum_{j=-N}^{M} \Delta C_{-N+1,j} Cx\eta_j \right] \mathrm{d}k_1 \, \mathrm{d}k_2
\end{aligned}
\tag{A.7}
$$

$$
\begin{aligned}
E_{14} = & \int_0^{e_{r2}} \int_0^{e_{r1}} \left[-J\overline{\Delta x} \sum_{j=-N}^{M} \Delta C_{-N,j} Sy\xi_j J\overline{\Delta x} \sum_{j=-N}^{M} \Delta C_{-N+1,j} Sy\eta_j \right. \\
& \left. + J\overline{\Delta y} \sum_{j=-N}^{M} \Delta C_{-N,j} Sx\xi_j \left(-J\overline{\Delta y} \sum_{j=-N}^{M} \Delta C_{-N+1,j} Sx\eta_j \right) \right] \mathrm{d}k_1 \, \mathrm{d}k_2 \\
& + \lambda \int_0^{e_{i2}} \int_0^{e_{i1}} \left[J\overline{\Delta x} \sum_{j=-N}^{M} \Delta C_{-N,j} Sy\xi_j \left(-J\overline{\Delta x} \sum_{j=-N}^{M} \Delta C_{-N+1,j} Cy\eta_j \right) \right. \\
& + J\overline{\Delta x} \left(\sum_{j=-N}^{M} \Delta C_{-N,j} Cy\xi_j \right) J\overline{\Delta y} \sum_{j=-N}^{M} \Delta C_{-N+1,j} Cx\eta_j \\
& + J\overline{\Delta y} \sum_{j=-N}^{M} \Delta C_{-N,j} Cx\xi_j J\overline{\Delta x} \sum_{j=-N}^{M} \Delta C_{-N+1,j} Cy\eta_j \\
& \left. + \left(-J\overline{\Delta y} \sum_{j=-N}^{M} \Delta C_{-N,j} Cx\eta_j \right) J\overline{\Delta y} \sum_{j=-N}^{M} \Delta C_{-N+1,j} Cx\eta_j \right] \mathrm{d}k_1 \, \mathrm{d}k_2
\end{aligned}
\tag{A.8}
$$

$$
\begin{aligned}
R_1 = &-\int_0^{e_{r2}}\int_0^{e_{r1}}\left[J\overline{\Delta x}\left(\sum_{j=-N}^{M}\Delta C_{0,j}Sy\eta_j - \sum_{j=-N}^{M}\Delta C_{0,j}Sy\xi_j - k_1\right)J\overline{\Delta x}\sum_{j=-N}^{M}\Delta C_{-N+1,j}Sy\eta_j\right.\\
&\left.+J\overline{\Delta y}\left(-\sum_{j=-N}^{M}\Delta C_{0,j}Sx\eta_j + \sum_{j=-N}^{M}\Delta C_{0,j}Sx\xi_j - k_2\right)J\overline{\Delta y}\sum_{j=-N}^{M}\Delta C_{-N+1,j}Sx\eta_j\right]\mathrm{d}k_1\,\mathrm{d}k_2\\
&-\lambda\int_0^{e_{i2}}\int_0^{e_{i1}}\left(-J\overline{\Delta x}\left\{\sum_{j=-N}^{M}\Delta C_{0,j}Cy\eta_j + \sum_{j=-N}^{M}\Delta C_{0,j}Cy\xi_j + \sum_{j=-N}^{M}\Delta C_{0,j}Cx\eta_j\right.\right.\\
&\left.-\sum_{j=-N}^{M}\Delta C_{0,j}Cx\xi_j + 2\mathrm{Sgn}(c)\exp\left[-\ln 2\left(\frac{\sqrt{k_1^2+k_2^2}-\pi}{\sigma}\right)^2\right]\right\}\\
&\left.\cdot\left(J\overline{\Delta x}\sum_{j=-N}^{M}\Delta C_{-N+1,j}Cy\eta_j + J\overline{\Delta x}\sum_{j=-N}^{M}\Delta C_{-N+1,j}Cx\eta_j\right)\right)\mathrm{d}k_1\,\mathrm{d}k_2
\end{aligned}
\tag{A.9}
$$

$$
E_{21} = E_{12}
$$

$$
\begin{aligned}
E_{22} = &\int_0^{e_{r2}}\int_0^{e_{r1}}\left(J\overline{\Delta x}\sum_{j=-N}^{M}\Delta C_{-N,j}Sy\eta_j J\overline{\Delta x}\sum_{j=-N}^{M}\Delta C_{-N,j}Sy\eta_j\right.\\
&\left.+J\overline{\Delta y}\sum_{j=-N}^{M}\Delta C_{-N,j}Sx\eta_j J\overline{\Delta y}\sum_{j=-N}^{M}\Delta C_{-N,j}Sx\eta_j\right)\mathrm{d}k_1\,\mathrm{d}k_2\\
&+\lambda\int_0^{e_{i2}}\int_0^{e_{i1}}\left[J\overline{\Delta x}\sum_{j=-N}^{M}\Delta C_{-N,j}Cy\eta_j J\overline{\Delta x}\sum_{j=-N}^{M}\Delta C_{-N,j}Cy\eta_j\right.\\
&+J\overline{\Delta x}\left(-\sum_{j=-N}^{M}\Delta C_{-N,j}Cy\eta_j\right)J\overline{\Delta y}\sum_{j=-N}^{M}\Delta C_{-N,j}Cx\eta_j\\
&+J\overline{\Delta y}\sum_{j=-N}^{M}\Delta C_{-N,j}Cx\eta_j J\overline{\Delta x}\sum_{j=-N}^{M}\Delta C_{-N,j}Cy\eta_j\\
&\left.+J\overline{\Delta y}\sum_{j=-N}^{M}\Delta C_{-N,j}Cx\eta_j J\overline{\Delta y}\sum_{j=-N}^{M}\Delta C_{-N,j}Cx\eta_j\right]\mathrm{d}k_1\,\mathrm{d}k_2
\end{aligned}
\tag{A.10}
$$

$$
\begin{aligned}
E_{23} = & \int_0^{e_{r2}} \int_0^{e_{r1}} \left(J\overline{\Delta x} \sum_{j=-N}^{M} \Delta C_{-N+1,j} Sy\xi_j J\overline{\Delta x} \sum_{j=-N}^{M} \Delta C_{-N,j} Sy\eta_j \right. \\
& \left. + J\overline{\Delta y} \sum_{j=-N}^{M} \Delta C_{-N+1,j} Sx\xi_j J\overline{\Delta y} \sum_{j=-N}^{M} \Delta C_{-N,j} Sx\eta_j \right) \mathrm{d}k_1 \, \mathrm{d}k_2 \\
& + \lambda \int_0^{e_{i2}} \int_0^{e_{i1}} \left[J\overline{\Delta x} \sum_{j=-N}^{M} \Delta C_{-N+1,j} Cy\xi_j J\overline{\Delta x} \sum_{j=-N}^{M} \Delta C_{-N,j} Cy\eta_j \right. \\
& + J\overline{\Delta x} \left(-\sum_{j=-N}^{M} \Delta C_{-N+1,j} Cx\xi_j \right) J\overline{\Delta y} \sum_{j=-N}^{M} \Delta C_{-N,j} Cx\eta_j \\
& + J\overline{\Delta x} \sum_{j=-N}^{M} \Delta C_{-N+1,j} Cy\xi_j J\overline{\Delta x} \sum_{j=-N}^{M} \Delta C_{-N,j} Cy\eta_j \\
& \left. + J\overline{\Delta x} \left(-\sum_{j=-N}^{M} \Delta C_{-N+1,j} Cx\xi_j \right) J\overline{\Delta y} \sum_{j=-N}^{M} \Delta C_{-N,j} Cx\eta_j \right] \mathrm{d}k_1 \, \mathrm{d}k_2
\end{aligned} \tag{A.11}
$$

$$
\begin{aligned}
E_{24} = & \int_0^{e_{r2}} \int_0^{e_{r1}} \left(J\overline{\Delta x} \sum_{j=-N}^{M} \Delta C_{-N,j} Sy\xi_j J\overline{\Delta x} \sum_{j=-N}^{M} \Delta C_{-N,j} Sy\eta_j \right. \\
& \left. + J\overline{\Delta y} \sum_{j=-N}^{M} \Delta C_{-N,j} Sx\xi_j J\overline{\Delta y} \sum_{j=-N}^{M} \Delta C_{-N,j} Sx\eta_j \right) \mathrm{d}k_1 \, \mathrm{d}k_2 \\
& + \lambda \int_0^{e_{i2}} \int_0^{e_{i1}} \left[J\overline{\Delta x} \sum_{j=-N}^{M} \Delta C_{-N,j} Cy\xi_j J\overline{\Delta x} \sum_{j=-N}^{M} \Delta C_{-N,j} Cy\eta_j \right. \\
& + J\overline{\Delta x} \left(-\sum_{j=-N}^{M} \Delta C_{-N,j} Cx\xi_j \right) J\overline{\Delta y} \sum_{j=-N}^{M} \Delta C_{-N,j} Cx\eta_j \\
& + J\overline{\Delta x} \sum_{j=-N}^{M} \Delta C_{-N,j} Cy\xi_j J\overline{\Delta x} \sum_{j=-N}^{M} \Delta C_{-N,j} Cy\eta_j \\
& \left. + J\overline{\Delta x} \left(-\sum_{j=-N}^{M} \Delta C_{-N,j} Cx\xi_j \right) J\overline{\Delta y} \sum_{j=-N}^{M} \Delta C_{-N,j} Cx\eta_j \right] \mathrm{d}k_1 \, \mathrm{d}k_2
\end{aligned} \tag{A.12}
$$

$$
\begin{aligned}
R_2 = & -\int_0^{e_{r2}}\int_0^{e_{r1}}\left[J\overline{\Delta x}\left(\sum_{j=-N}^{M}\Delta C_{0,j}Sy\eta_j-\sum_{j=-N}^{M}\Delta C_{0,j}Sy\xi_j-k_1\right)\right.\\
& \cdot J\overline{\Delta x}\sum_{j=-N}^{M}\Delta C_{-N,j}Sy\eta_j+J\overline{\Delta y}\left(-\sum_{j=-N}^{M}\Delta C_{0,j}Sx\eta_j+\sum_{j=-N}^{M}\Delta C_{0,j}Sx\xi_j-k_2\right)\\
& \left.\cdot J\overline{\Delta y}\sum_{j=-N}^{M}\Delta C_{-N,j}Sx\eta_j\right]\mathrm{d}k_1\,\mathrm{d}k_2\\
& -\lambda\int_0^{e_{i2}}\int_0^{e_{i1}}\left(-J\overline{\Delta x}\left\{\sum_{j=-N}^{M}\Delta C_{0,j}Cy\eta_j+\sum_{j=-N}^{M}\Delta C_{0,j}Cy\xi_j\right.\right.\\
& \left.+\sum_{j=-N}^{M}\Delta C_{0,j}Cx\eta_j-\sum_{j=-N}^{M}\Delta C_{0,j}Cx\xi_j+2\mathrm{Sgn}(c)\exp\left[-\ln 2\left(\frac{\sqrt{k_1^2+k_2^2}-\pi}{\sigma}\right)^2\right]\right\}\\
& \left.\cdot\left(J\overline{\Delta x}\sum_{j=-N}^{M}\Delta C_{-N+1,j}Cy\xi_j+J\overline{\Delta x}\sum_{j=-N}^{M}\Delta C_{-N+1,j}Cx\xi_j\right)\right)\mathrm{d}k_1\,\mathrm{d}k_2
\end{aligned}
\tag{A.13}
$$

$$E_{31}=E_{13}$$

$$E_{32}=E_{23}$$

$$
\begin{aligned}
E_{33}= & \int_0^{e_{r2}}\int_0^{e_{r1}}\left(J\overline{\Delta x}\sum_{j=-N}^{M}\Delta C_{-N+1,j}Sy\xi_j J\overline{\Delta x}\sum_{j=-N}^{M}\Delta C_{-N+1,j}Sy\xi_j\right.\\
& \left.+J\overline{\Delta y}\sum_{j=-N}^{M}\Delta C_{-N+1,j}Sx\xi_j J\overline{\Delta y}\sum_{j=-N}^{M}\Delta C_{-N+1,j}Sx\xi_j\right)\mathrm{d}k_1\,\mathrm{d}k_2\\
& +\lambda\int_0^{e_{i2}}\int_0^{e_{i1}}\left[J\overline{\Delta x}\sum_{j=-N}^{M}\Delta C_{-N+1,j}Cy\xi_j J\overline{\Delta x}\sum_{j=-N}^{M}\Delta C_{-N+1,j}Cy\xi_j\right.\\
& +J\overline{\Delta x}\left(-\sum_{j=-N}^{M}\Delta C_{-N+1,j}Cy\xi_j\right)J\overline{\Delta y}\sum_{j=-N}^{M}\Delta C_{-N+1,j}Cx\xi_j\\
& +J\overline{\Delta y}\sum_{j=-N}^{M}\Delta C_{-N+1,j}Cx\xi_j J\overline{\Delta x}\sum_{j=-N}^{M}\Delta C_{-N+1,j}Cy\xi_j\\
& \left.+J\overline{\Delta y}\sum_{j=-N}^{M}\Delta C_{-N+1,j}Cx\xi_j J\overline{\Delta y}\sum_{j=-N}^{M}\Delta C_{-N+1,j}Cx\xi_j\right]\mathrm{d}k_1\,\mathrm{d}k_2
\end{aligned}
\tag{A.14}
$$

$$E_{34}=\int_0^{e_{r2}}\int_0^{e_{r1}}\left(J\overline{\Delta x}\sum_{j=-N}^{M}\Delta C_{-N,j}Sy\xi_j J\overline{\Delta x}\sum_{j=-N}^{M}\Delta C_{-N+1,j}Sy\xi_j\right.$$

$$\left.+J\overline{\Delta y}\sum_{j=-N}^{M}\Delta C_{-N,j}Sx\xi_j J\overline{\Delta y}\sum_{j=-N}^{M}\Delta C_{-N+1,j}Sx\xi_j\right)\mathrm{d}k_1\,\mathrm{d}k_2$$

$$+\lambda\int_0^{e_{i2}}\int_0^{e_{i1}}\left[J\overline{\Delta x}\sum_{j=-N}^{M}\Delta C_{-N,j}Cy\xi_j J\overline{\Delta x}\sum_{j=-N}^{M}\Delta C_{-N+1,j}Cy\xi_j\right.$$

$$+J\overline{\Delta x}\left(-\sum_{j=-N}^{M}\Delta C_{-N,j}Cy\xi_j\right)J\overline{\Delta y}\sum_{j=-N}^{M}\Delta C_{-N+1,j}Cx\xi_j$$

$$+J\overline{\Delta y}\sum_{j=-N}^{M}\Delta C_{-N,j}Cx\xi_j J\overline{\Delta x}\sum_{j=-N}^{M}\Delta C_{-N+1,j}Cy\xi_j$$

$$\left.+J\overline{\Delta y}\sum_{j=-N}^{M}\Delta C_{-N,j}Cx\xi_j J\overline{\Delta y}\sum_{j=-N}^{M}\Delta C_{-N+1,j}Cx\xi_j\right]\mathrm{d}k_1\,\mathrm{d}k_2 \tag{A.15}$$

$$R_3=-\int_0^{e_{r2}}\int_0^{e_{r1}}\left[J\overline{\Delta x}\left(\sum_{j=-N}^{M}\Delta C_{0,j}Sy\eta_j-\sum_{j=-N}^{M}\Delta C_{0,j}Sy\xi_j-k_1\right)\right.$$

$$\cdot J\overline{\Delta x}\sum_{j=-N}^{M}\Delta C_{-N+1,j}Sy\xi_j+J\overline{\Delta y}\left(-\sum_{j=-N}^{M}\Delta C_{0,j}Sx\eta_j+\sum_{j=-N}^{M}\Delta C_{0,j}Sx\xi_j-k_2\right)$$

$$\left.\cdot J\overline{\Delta y}\sum_{j=-N}^{M}\Delta C_{-N+1,j}Sx\xi_j\right]\mathrm{d}k_1\,\mathrm{d}k_2$$

$$-\lambda\int_0^{e_{i2}}\int_0^{e_{i1}}\left(-J\overline{\Delta x}\left\{\sum_{j=-N}^{M}\Delta C_{0,j}Cy\eta_j+\sum_{j=-N}^{M}\Delta C_{0,j}Cy\xi_j\right.\right.$$

$$\left.+\sum_{j=-N}^{M}\Delta C_{0,j}Cx\eta_j-\sum_{j=-N}^{M}\Delta C_{0,j}Cx\xi_j+2\mathrm{Sgn}(c)\exp\left[-\ln 2\left(\frac{\sqrt{k_1^2+k_2^2}-\pi}{\sigma}\right)^2\right]\right\}$$

$$\left.\cdot\left(J\overline{\Delta x}\sum_{j=-N}^{M}\Delta C_{-N+1,j}Cy\xi_j+J\overline{\Delta x}\sum_{j=-N}^{M}\Delta C_{-N+1,j}Cx\xi_j\right)\right)\mathrm{d}k_1\,\mathrm{d}k_2 \tag{A.16}$$

$$E_{41}=E_{14}$$

$$E_{42}=E_{24}$$

$$E_{43}=E_{34}$$

$$\begin{aligned}E_{44}=&\int_0^{e_{r2}}\int_0^{e_{r1}}\left(J\overline{\Delta x}\sum_{j=-N}^{M}\Delta C_{-N,j}Sy\xi_j J\overline{\Delta x}\sum_{j=-N}^{M}\Delta C_{-N,j}Sy\xi_j\right.\\&\left.+J\overline{\Delta y}\sum_{j=-N}^{M}\Delta C_{-N,j}Sx\xi_j\, J\overline{\Delta y}\sum_{j=-N}^{M}\Delta C_{-N,j}Sx\xi_j\right)\mathrm{d}k_1\,\mathrm{d}k_2\\&+\lambda\int_0^{e_{i2}}\int_0^{e_{i1}}\left[J\overline{\Delta x}\sum_{j=-N}^{M}\Delta C_{-N,j}Cy\xi_j J\overline{\Delta x}\sum_{j=-N}^{M}\Delta C_{-N,j}Cy\xi_j\right.\\&+J\overline{\Delta x}\left(-\sum_{j=-N}^{M}\Delta C_{-N,j}Cy\xi_j\right)J\overline{\Delta y}\sum_{j=-N}^{M}\Delta C_{-N,j}Cx\xi_j\\&+J\overline{\Delta y}\sum_{j=-N}^{M}\Delta C_{-N,j}Cx\xi_j J\overline{\Delta x}\sum_{j=-N}^{M}\Delta C_{-N,j}Cy\xi_j\\&\left.+J\overline{\Delta y}\sum_{j=-N}^{M}\Delta C_{-N,j}Cx\xi_j\, J\overline{\Delta y}\sum_{j=-N}^{M}\Delta C_{-N,j}Cx\xi_j\right]\mathrm{d}k_1\,\mathrm{d}k_2\end{aligned}\tag{A.17}$$

$$\begin{aligned}R_4=&-\int_0^{e_{r2}}\int_0^{e_{r1}}\left[J\overline{\Delta x}\left(\sum_{j=-N}^{M}\Delta C_{0,j}Sy\eta_j-\sum_{j=-N}^{M}\Delta C_{0,j}Sy\xi_j-k_1\right)\right.\\&\cdot J\overline{\Delta x}\sum_{j=-N}^{M}\Delta C_{-N,j}Sy\xi_j+J\overline{\Delta y}\left(-\sum_{j=-N}^{M}\Delta C_{0,j}Sx\eta_j+\sum_{j=-N}^{M}\Delta C_{0,j}Sx\xi_j-k_2\right)\\&\left.\cdot J\overline{\Delta y}\sum_{j=-N}^{M}\Delta C_{-N,j}Sx\xi_j\right]\mathrm{d}k_1\,\mathrm{d}k_2\\&-\lambda\int_0^{e_{i2}}\int_0^{e_{i1}}\left(-J\overline{\Delta x}\left\{\sum_{j=-N}^{M}\Delta C_{0,j}Cy\eta_j+\sum_{j=-N}^{M}\Delta C_{0,j}Cy\xi_j\right.\right.\\&\left.+\sum_{j=-N}^{M}\Delta C_{0,j}Cx\eta_j-\sum_{j=-N}^{M}\Delta C_{0,j}Cx\xi_j+2\mathrm{Sgn}(c)\exp\left[-\ln 2\left(\frac{\sqrt{k_1^2+k_2^2}-\pi}{\sigma}\right)^2\right]\right\}\\&\left.\cdot\left(J\overline{\Delta x}\sum_{j=-N}^{M}\Delta C_{-N,j}Cy\xi_j+J\overline{\Delta x}\sum_{j=-N}^{M}\Delta C_{-N,j}Cx\xi_j\right)\right)\mathrm{d}k_1\,\mathrm{d}k_2\end{aligned}\tag{A.18}$$

其中

$$Sy\eta_j=(y_\eta)_{l+j,m}\sin(k_1\Delta x_{l+j,m}+k_2\Delta y_{l+j,m})$$
$$Sx\eta_j=(x_\eta)_{l+j,m}\sin(k_1\Delta x_{l+j,m}+k_2\Delta y_{l+j,m})$$

$$Cy\eta_j = (y_\eta)_{l+j,m}\cos(k_1\Delta x_{l+j,m} + k_2\Delta y_{l+j,m})$$
$$Cx\eta_j = (x_\eta)_{l+j,m}\cos(k_1\Delta x_{l+j,m} + k_2\Delta y_{l+j,m})$$
$$Sy\xi_j = (y_\xi)_{l,m+j}\sin(k_1\Delta x_{l,m+j} + k_2\Delta y_{l,m+j})$$
$$Sx\xi_j = (x_\xi)_{l,m+j}\sin(k_1\Delta x_{l,m+j} + k_2\Delta y_{l,m+j})$$
$$Cy\xi_j = (y_\xi)_{l,m+j}\cos(k_1\Delta x_{l,m+j} + k_2\Delta y_{l,m+j})$$
$$Cx\xi_j = (x_\xi)_{l,m+j}\cos(k_1\Delta x_{l,m+j} + k_2\Delta y_{l,m+j})$$

附　录　B

表 B.1　高阶优化的有限差分格式(7 点-4 阶～17 点-14 阶)

	4 阶	6 阶	8 阶
a_1	0.7992664269741557	0.8331572598964366	0.8571043984185199
a_2	−0.1894131415793246	−0.2331572598964366	−0.2652621696211656
a_3	0.0265199520614978	0.0523054923365680	0.0748052085071437
a_4	0	−0.0059398042783169	−0.0144484568416228
a_5	0	0	0.0013596285337742
a_6	0	0	0
a_7	0	0	0
a_8	0	0	0
	10 阶	**12 阶**	**14 阶**
a_1	0.8749994731879014	0.8888984093343903	0.9000111291581978
a_2	−0.2901779129134481	−0.3101978791125205	−0.3266822474881437
a_3	0.0942455927359495	0.1111206315566125	0.1258713338034306
a_4	−0.0238093482054909	−0.0332537742227347	−0.0424313246158228
a_5	0.0039501765402089	0.0074088498991500	0.0114246353417500
a_6	−0.0003156525746558	−0.0010686423745439	−0.0022540026898321
a_7	0	0.0000740222661807	0.0002864892431738
a_8	0	0	−0.0000174903001106

表 B.2　三对角高阶紧致有限差分格式(3 点-4 阶～11 点-12 阶)

	4 阶	6 阶	8 阶	10 阶	12 阶
α	1/4	1/3	3/8	2/5	5/12
α	3/4	7/9	25/32	39/50	7/9
b	0	1/36	1/20	1/15	5/63
c	0	0	−1/480	−1/210	−5/672
d	0	0	0	1/4200	1/1512
e	0	0	0	0	−1/30240

表 B.3 优化的三对角高阶紧致有限差分格式(5 点-4 阶～11 点-10 阶)

	4 阶	6 阶
α	0.3821038098462933	0.4111403764203249
α	0.7940346032820977	0.7842616980350271
b	0.0440346032820977	0.0692748674241733
c	0	−0.0038903521543495
d	0	0
e	0	0
	8 阶	10 阶
α	0.4278627893013504	0.4388871532438393
α	0.7786068605349324	0.7748150462341548
b	0.0852418595342336	0.0962949739000680
c	−0.0077472036156208	−0.0110116258189503
d	0.0005034551362033	0.0012257054792086
e	0	−0.0000771570500869

表 B.4 显式后差边界格式的系数($a_j^{NM}=-a_{-j}^{MN}$)

a_j^{NM}	N=0，M=6	a_j^{NM}	N=1，M=5	a_j^{NM}	N=2，M=4
a_0^{06}	−2.192280339	a_{-1}^{15}	−0.209337622	a_{-2}^{24}	0.049041958
a_1^{06}	4.748611401	a_0^{15}	−1.084875676	a_{-1}^{24}	−0.468840357
a_2^{06}	−5.108851915	a_1^{15}	2.147776050	a_0^{24}	−0.474760914
a_3^{06}	4.461567104	a_2^{15}	−1.388928322	a_1^{24}	1.273274737
a_4^{06}	−2.833498741	a_3^{15}	0.768949766	a_2^{24}	−0.518484526
a_5^{06}	1.128328861	a_4^{15}	−0.281814650	a_3^{24}	0.166138533
a_6^{06}	−0.203876371	a_5^{15}	0.048230454	a_4^{24}	−0.026369431

表 B.5 标准的高阶显式过滤器的系数

	8 阶	10 阶	12 阶
d_0	35/128	63/256	231/1024
d_1	−7/32	−105/512	−99/512
d_2	7/64	15/128	495/4096
d_3	−1/32	−45/1024	−55/1024
d_4	1/256	5/512	33/2048
d_4	0	−1/1024	−3/1024
d_6	0	0	1/4096

表 B.6 优化的高阶显式过滤器的系数

	6 阶	8 阶	10 阶
d_0	0.243527493120	0.215044884112	0.190899511506
d_1	−0.204788880640	−0.187772883589	−0.171503832236
d_2	0.120007591680	0.123755948787	0.123632891797
d_3	−0.045211119360	−0.059227575576	−0.069975429105
d_4	0.008228661760	0.018721609157	0.029662754736
d_4	0	−0.002999540835	−0.008520738659
d_6	0	0	0.001254597714

表 B.7 高阶紧致过滤器的系数

	4 阶	6 阶	8 阶	10 阶
a_0	$\frac{5}{8}+\frac{3\alpha_f}{4}$	$\frac{11}{16}+\frac{5\alpha_f}{8}$	$\frac{93+70\alpha_f}{128}$	$\frac{193+126\alpha_f}{256}$
a_1	$\frac{1}{2}+\alpha_f$	$\frac{15}{32}+\frac{17\alpha_f}{16}$	$\frac{7+18\alpha_f}{16}$	$\frac{105+302\alpha_f}{256}$
a_2	$-\frac{1}{8}+\frac{\alpha_f}{4}$	$-\frac{3}{16}+\frac{3\alpha_f}{8}$	$\frac{-7+14\alpha_f}{32}$	$\frac{-15+30\alpha_f}{64}$
a_3	0	$\frac{1}{32}-\frac{\alpha_f}{16}$	$\frac{1-2\alpha_f}{16}$	$\frac{45-90\alpha_f}{512}$
a_4	0	0	$\frac{-1+2\alpha_f}{128}$	$\frac{-5+10\alpha_f}{256}$
a_5	0	0	0	$\frac{1-2\alpha_f}{512}$

附 录 C

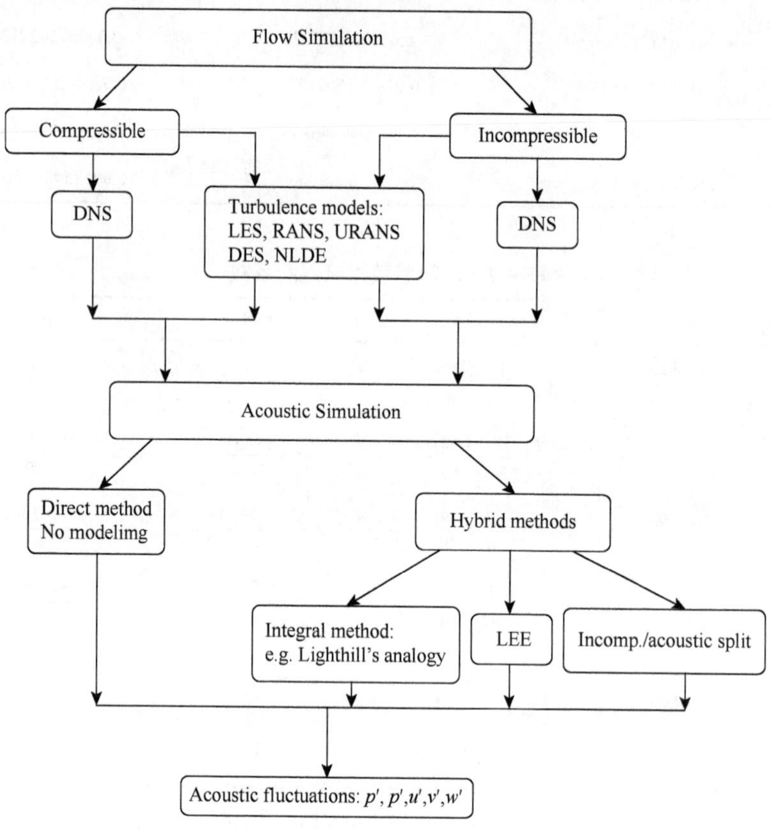

图 C.1　CAA 计算的流程图

1. Lighthill 声比拟方程

无外力作用下的可压缩流体运动的质量、动量方程分别为

$$\frac{\partial \rho}{\partial t}+\frac{\partial}{\partial x_i}(\rho u_i)=0 \tag{C.1}$$

$$\frac{\partial}{\partial t}(\rho u_i)+\frac{\partial}{\partial x_j}(\rho u_i u_j)=-\frac{\partial p}{\partial x_i}+\frac{\partial \tau_{ij}}{\partial x_j} \tag{C.2}$$

黏性应力张量为

$$\tau_{ij}=\mu\left[\frac{\partial u_i}{\partial x_j}+\frac{\partial u_j}{\partial x_i}-\frac{2}{3}\left(\frac{\partial u_k}{\partial x_k}\right)\delta_{ij}\right] \tag{C.3}$$

其中，δ_{ij} 为 Kronecker 符号。联立式(C.1)与式(C.2)，Lighthill 声比拟方程可以写为

$$\frac{\partial^2\rho'}{\partial t^2}-c_0^2\frac{\partial^2\rho'}{\partial x_i^2}=\frac{\partial^2 T_{ij}}{\partial x_i\partial x_j} \tag{C.4}$$

其中，$\rho'=\rho-\rho_0$。Lighthill 应力张量的表达式为

$$T_{ij}=pu_iu_j+[(p-p_0)-c_0^2(\rho-\rho_0)]\delta_{ij}-\tau_{ij} \tag{C.5}$$

如果式(C.4)的右边可以从流体模拟中计算得到，则 Lighthill 方程可以写成积分形式：

$$4\pi c_0^2\rho'=\frac{\partial^2}{\partial x_i\partial x_j}\int_{\infty}\frac{T_{ij}(y,t')}{|x-y|}\mathrm{d}\Omega(y) \tag{C.6}$$

其中，x 为观察者位置；y 为声源位置；Ω 为积分区域；t' 为延迟时间。

2. FW-H 方程

Brentner 与 Farassat 给出的 FW-H 方程为

$$\begin{aligned}\square^2 p'(x,t)=&\frac{\partial^2}{\partial x_i\partial x_j}[T_{ij}\mathrm{H}(f)]\\&-\frac{\partial}{\partial x_i}\{[P_{ij}\hat{n}_j+\rho u_i(u_n-v_n)]\delta(f)\}\\&+\frac{\partial}{\partial t}\{[\rho_0 v_n+\rho(u_n-v_n)]\delta(f)\}\end{aligned} \tag{C.7}$$

其中，$\square^2=[(1/c_0^2)(\partial^2/\partial t^2)]-\nabla^2$，如果 $f<0$，则 $H(f)=0$；否则，$H(f)=1$。$\delta(f)$ 为 Dirac delta 函数。$p'(x,t)$ 可由以下三部分计算得到：

$$p'(x,t)=p'_T(x,t)+p'_L(x,t)+p'_Q(x,t) \tag{C.8}$$

其中，p'_T、p'_L、p'_Q 分别为单极子源噪声，偶极子源噪声，四极子源噪声(通常可以忽略)。它们的表达式如下：

$$4\pi p_T'(x,t)=\int_{f=0}\left[\frac{\rho_0(\dot{U}_n+U_{\dot{n}})}{r(1-M_r)^2}\right]_{\text{ret}}\mathrm{d}Sx \\ +\int_{f=0}\left\{\frac{\rho_0 U_n[r\dot{M}_r+c_0(M_r-M^2)]}{r^2(1-M_r)^3}\right\}_{\text{ret}}\mathrm{d}S \tag{C.9}$$

$$4\pi p_L'(x,t)=\frac{1}{c_0}\int_{f=0}\left[\frac{\dot{L}_r}{r(1-M_r)^2}\right]_{\text{ret}}\mathrm{d}S \\ +\int_{f=0}\left\{\frac{L_r-L_M}{r^2(1-M_r)^3}\right\}_{\text{ret}}\mathrm{d}S \\ +\frac{1}{c_0}\int_{f=0}\left\{\frac{L_r[r\dot{M}_r+c_0(M_r-M^2)]}{r^2(1-M_r)^3}\right\}_{\text{ret}}\mathrm{d}S \tag{C.10}$$

3. Curle 方程

Curle 将 Lighthill 方程的解写为面源和体源的形式：

$$p'(x,t)=p_S'(x,t)+p_V'(x,t) \tag{C.11}$$

其中

$$p_S'(x,t)=\frac{1}{4\pi}\int_S l_i n_j\left(\frac{\dot{p}\delta_{ij}-\dot{\tau}_{ij}}{c_0 r}+\frac{p\delta_{ij}-\tau_{ij}}{r^2}\right)\mathrm{d}S(y) \tag{C.12}$$

$$p_V'(x,t)=\frac{1}{4\pi}\int_V\left(\frac{l_i l_j}{c_0^2 r}\ddot{T}_{ij}+\frac{3l_i l_j-\delta_{ij}}{c_0 r^2}\dot{T}_{ij}+\frac{3l_i l_j-\delta_{ij}}{r^3}T_{ij}\right)\mathrm{d}V(y) \tag{C.13}$$

4. 带源项的线性化欧拉方程

$$\frac{\partial U}{\partial t}+\frac{\partial E}{\partial x_1}+\frac{\partial F}{\partial x_2}+H=S \tag{C.14}$$

其中

$$U=\begin{bmatrix}\rho'\\ \bar{\rho}u_1'\\ \bar{\rho}u_2'\\ p'\end{bmatrix},\quad E=\begin{bmatrix}\rho'\bar{u}_1+\bar{\rho}u_1'\\ \bar{u}_1\bar{\rho}u_1'+p'\\ \bar{u}_1\bar{\rho}u_2'\\ \bar{u}_1 p'+\gamma\bar{p}u_1'\end{bmatrix},\quad F=\begin{bmatrix}\rho'\bar{u}_2+\bar{\rho}u_2'\\ \bar{u}_2\bar{\rho}u_1'\\ \bar{u}_2\bar{\rho}u_2'+p'\\ \bar{u}_2 p'+\gamma\bar{p}u_2'\end{bmatrix} \\ H=\begin{bmatrix}0\\ (\bar{\rho}u_1'+\rho'\bar{u}_1)\dfrac{\partial\bar{u}_1}{\partial x_1}+(\bar{\rho}u_2'+\rho'\bar{u}_2)\dfrac{\partial\bar{u}_1}{\partial x_2}\\ (\bar{\rho}u_1'+\rho'\bar{u}_1)\dfrac{\partial\bar{u}_2}{\partial x_1}+(\bar{\rho}u_2'+\rho'\bar{u}_2)\dfrac{\partial\bar{u}_2}{\partial x_2}\\ (\gamma-1)p'\nabla\cdot\bar{u}-(\gamma-1)u'\cdot\nabla\tilde{p}\end{bmatrix},\quad S=\begin{bmatrix}0\\ S_1-\bar{S}_1\\ S_2-\bar{S}_2\\ 0\end{bmatrix} \tag{C.15}$$

对于均匀来流，$H=0$，$S_i=-\dfrac{\partial\rho u_i'u_j'}{\partial x_j}$，$\bar{S}_i=-\dfrac{\overline{\partial\rho u_i'u_j'}}{\partial x_j}$。

5. 不可压缩流/声分裂技术

Hardin 与 Pope 提出了这种流/声分裂方法。首先，黏性可压缩 N-S 方程为

$$\frac{\partial\rho}{\partial t}+\frac{\partial}{\partial x_i}(\rho u_i)=0 \tag{C.16}$$

$$\frac{\partial}{\partial t}(\rho u_i)+\frac{\partial}{\partial x_j}(\rho u_i u_j+p_{ij})=0 \tag{C.17}$$

$$p=p(\rho,S) \tag{C.18}$$

$$T\frac{\mathrm{D}S}{\mathrm{D}t}=c_p\frac{\mathrm{D}T}{\mathrm{D}t}-\frac{\beta T}{\rho}\frac{\mathrm{D}p}{\mathrm{D}t}=\phi+\frac{1}{\rho}\frac{\partial}{\partial x_i}\left(k\frac{\partial T}{\partial x_i}\right) \tag{C.19}$$

其中

$$p_{ij}=p\delta_{ij}-\mu\left[\frac{\partial u_i}{\partial x_j}+\frac{\partial u_j}{\partial x_i}-\frac{2}{3}\left(\frac{\partial u_k}{\partial x_k}\right)\delta_{ij}\right] \tag{C.20}$$

然后，考虑密度为常数的不可压缩流体，则可以得到

$$\frac{\partial U_i}{\partial t}+\frac{\partial U_i U_j}{\partial x_j}=-\frac{1}{\rho_0}\frac{\partial P}{\partial x_i}+\nu\frac{\partial^2 U_i}{\partial x_i\partial x_j} \tag{C.21}$$

$$\frac{\partial U_i}{\partial x_i}=0 \tag{C.22}$$

其中，$P(x_i,t)$、$U_i(x_i,t)$ 分别为非定常压强、速度。定义压强变化 $\mathrm{d}p=P-p_0$。对式(C.18)两边进行求导，可以得到

$$\mathrm{d}p=\left(\frac{\partial p}{\partial\rho}\right)_S\mathrm{d}\rho+\left(\frac{\partial p}{\partial S}\right)_\rho\mathrm{d}S \tag{C.23}$$

由于 $c=\sqrt{(\partial p/\partial\rho)S}$，压强变化可以写为

$$\mathrm{d}p=c^2\mathrm{d}\rho+\left(\frac{\partial p}{\partial S}\right)_\rho\mathrm{d}S \tag{C.24}$$

时间平均的不可压缩压强分布为

$$\bar{P}(x_i)=\lim_{T\to\infty}\frac{1}{T}\int_0^T P\,|\,(x_i,t)\mathrm{d}t \tag{C.25}$$

不可压缩压强可分成两部分：

$$p(\rho,S)=p'(\rho)+\bar{P}(S) \tag{C.26}$$

其中，时间平均的压强 $\overline{P}$ 与熵有关，脉动压强假定是等熵的。总压 p 的时间导数为

$$\frac{\partial p}{\partial t}=\frac{\partial p'}{\partial t}=\frac{\mathrm{d}p'}{\mathrm{d}\rho}\frac{\partial \rho}{\partial t}=\left(\frac{\partial p}{\partial \rho}\right)_S\frac{\partial \rho}{\partial t}=c^2\frac{\partial \rho}{\partial t} \tag{C.27}$$

可压缩变量可分为平均量与扰动量：

$$u_i=U_i+u_i' \tag{C.28}$$

$$p=P+p' \tag{C.29}$$

$$\rho=\rho_0+\rho_1+\rho' \tag{C.30}$$

其中

$$\rho_1(x_i,t)=\frac{P(x_i,t)-\overline{P}(x_i)}{c_0^2} \tag{C.31}$$

将式(C.28)～式(C.30)代入式(C.16)、式(C.17)及式(C.27)，忽略黏性影响，声扰动的非线性方程为

$$\frac{\partial \rho'}{\partial t}+\frac{\partial f_i}{\partial x_i}=-\frac{\partial \rho_1}{\partial t}-U_i\frac{\partial \rho_1}{\partial x_i} \tag{C.32}$$

$$\begin{aligned}&\frac{\partial f_i}{\partial t}+\frac{\partial}{\partial x_j}[f_i(U_j+u_j')+(\rho_0+\rho_1)U_iu_j'+p'\delta_{ij}]\\&=-\frac{\partial(\rho_1U_i)}{\partial t}-U_j\frac{\partial(\rho_1U_i)}{\partial x_j}\end{aligned} \tag{C.33}$$

$$\frac{\partial p'}{\partial t}-c^2\frac{\partial \rho'}{\partial t}=c^2\frac{\partial \rho_1}{\partial t} \tag{C.34}$$

其中

$$c^2=\frac{\gamma p}{\rho}=\frac{\gamma(P+p')}{\rho_0+\rho_1+\rho'} \tag{C.35}$$

现在引入新变量 $\overline{\rho}=\rho_1+\rho'$，$\overline{f_i}=\rho u_i'+\overline{\rho}U_i$，Hardin 与 Pope 的声方程可重新改写为

$$\frac{\partial \overline{\rho}}{\partial t}+\frac{\partial \overline{f_i}}{\partial x_i}=0 \tag{C.36}$$

$$\frac{\partial \overline{f_i}}{\partial t}+\frac{\partial}{\partial x_j}[\overline{f_i}(U_j+u_j')+\rho_0U_iu_j'+p'\delta_{ij}] \tag{C.37}$$

$$\frac{\partial p'}{\partial t}-c^2\frac{\partial \overline{\rho}}{\partial t}=0 \tag{C.38}$$

定义：

$$u_i = U_i + u_i' \tag{C.39}$$

$$p = P + p' \tag{C.40}$$

$$\rho = \rho_0 + \rho' \tag{C.41}$$

将以上三个变量代入可压缩方程，并忽略黏性项影响，得到

$$\frac{\partial \rho'}{\partial t} + \frac{\partial f_i}{\partial x_i} = 0 \tag{C.42}$$

$$\frac{\partial f_i}{\partial t} + \frac{\partial}{\partial x_j}[f_i(U_j + u_j') + \rho_0 U_i u_j' + p'\delta_{ij}] = 0 \tag{C.43}$$

$$\frac{\partial p'}{\partial t} - c^2 \frac{\partial \rho'}{\partial t} = -\frac{\mathrm{d}P}{\mathrm{d}t} \tag{C.44}$$

其中

$$c^2 = \frac{\gamma p}{\rho} = \frac{\gamma(P + p')}{\rho_0 + \rho'} \tag{C.45}$$

式(C.42)～式(C.44)的三维形式如下：

$$\frac{\partial Q}{\partial t} + \frac{\partial E}{\partial x} + \frac{\partial F}{\partial y} + \frac{\partial G}{\partial z} = S \tag{C.46}$$

其中，向量 Q、E、F、G、S 分别为

$$Q = \begin{bmatrix} \rho' \\ \rho u' + \rho' U \\ \rho v' + \rho' V \\ \rho w' + \rho' W \\ p' \end{bmatrix}, \quad E = \begin{bmatrix} \rho u' + \rho' U \\ \rho(2Uu' + u'^2) + \rho' U^2 + p' \\ \rho(Vu' + Uv' + u'v') + \rho' UV \\ \rho(Wu' + Uw' + u'w') + \rho' UW \\ c^2(\rho u' + \rho' U) \end{bmatrix}$$

$$F = \begin{bmatrix} \rho v' + \rho' V \\ \rho(Vu' + Uv' + u'v') + \rho' UV \\ \rho(2Vv' + v'^2) + \rho' V^2 + p' \\ \rho(Vw' + Wv' + v'w') + \rho' VW \\ c^2(\rho v' + \rho' V) \end{bmatrix} \tag{C.47}$$

$$G = \begin{bmatrix} \rho w' + \rho' W \\ \rho(Wu' + Uw' + u'w') + \rho' UW \\ \rho(Wv' + Vw' + v'w') + \rho' VW \\ \rho(2Ww' + w'^2) + \rho' W^2 + p' \\ c^2(\rho w' + \rho' W) \end{bmatrix}, \quad S = \begin{bmatrix} 0 \\ 0 \\ 0 \\ 0 \\ -\dfrac{\partial P}{\partial t} \end{bmatrix}$$

彩　图

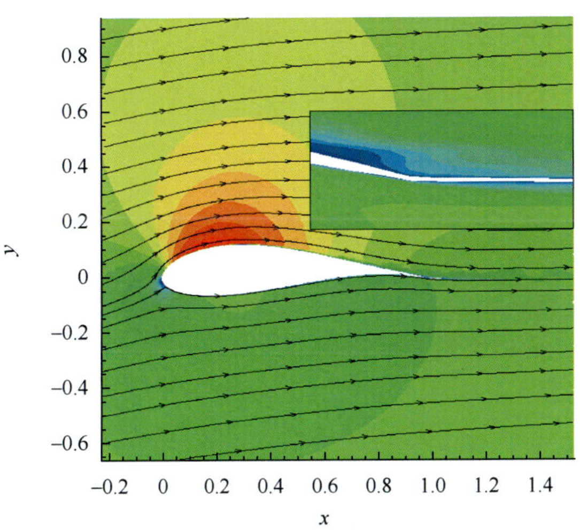

图 5-6　均方根速度云图与流线图

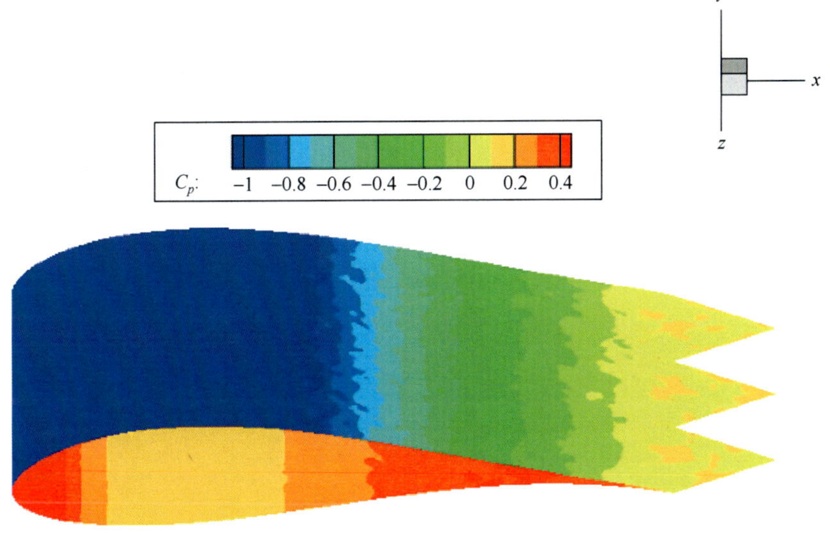

图 5-9　表面压力分布云图

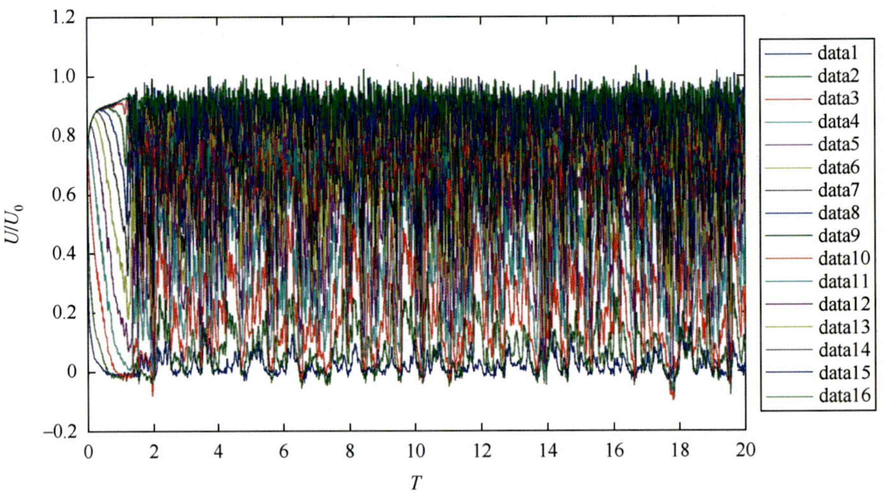

图 5-14　水平方向速度历史值

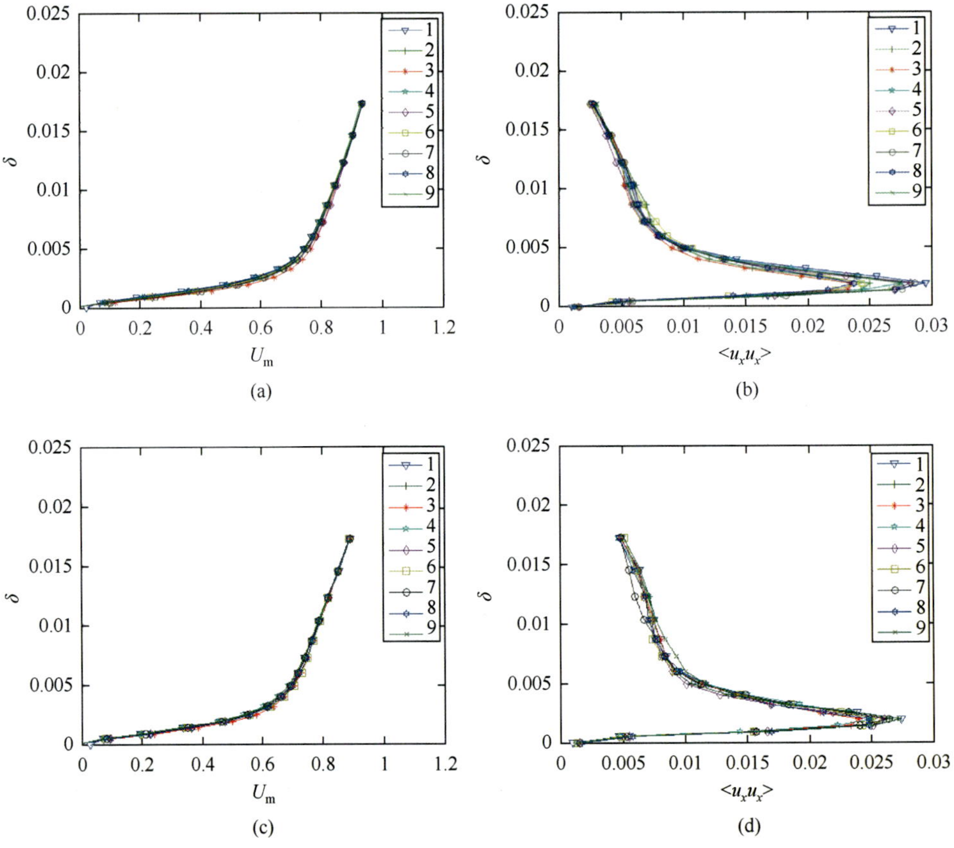

(a)

(b)

(c)

(d)

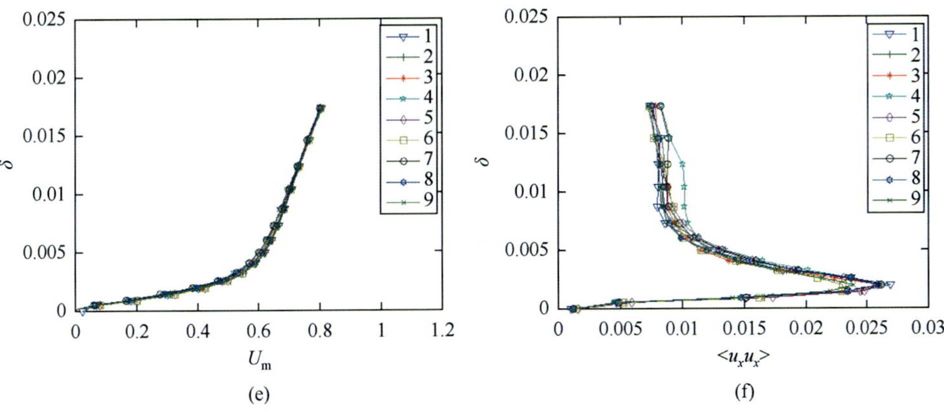

(e)　　(f)

图 5-16　原始翼型的水平速度分量边界层速度和湍流应力(流场条件：α=0°，4°，8°)

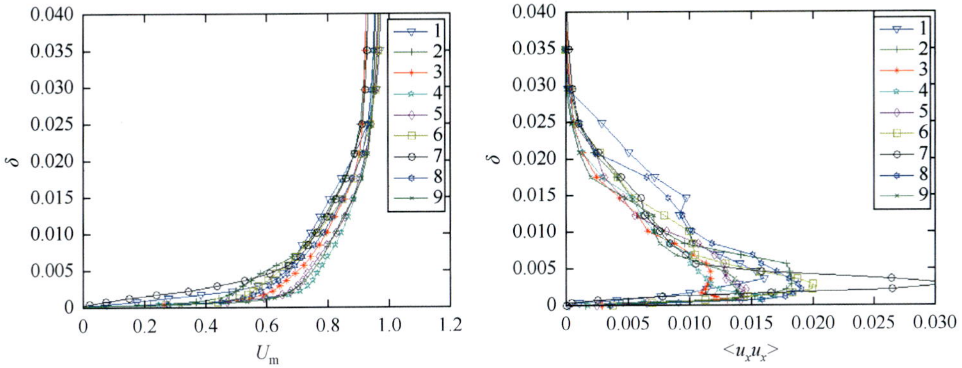

δ
0.040 0.035 0.030 0.025 0.020 0.015 0.010 0.005 0
0 0.2 0.4 0.6 0.8 1.0 1.2
U_m
1 2 3 4 5 6 7 8 9
0 0.005 0.010 0.015 0.020 0.025 0.030
<$u_x u_x$>

(a)　　(b)

δ
0.040 0.035 0.030 0.025 0.020 0.015 0.010 0.005 0
0 0.2 0.4 0.6 0.8 1.0 1.2
U_m
1 2 3 4 5 6 7 8 9
0 0.005 0.010 0.015 0.020 0.025 0.030
<$u_x u_x$>

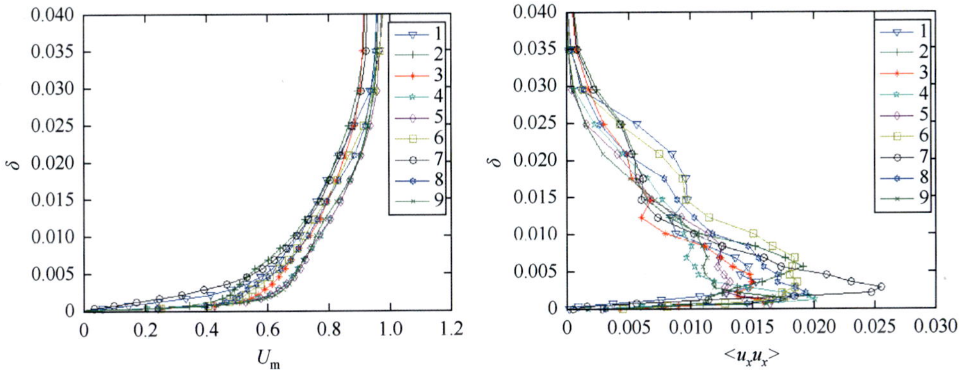

(c)　　(d)

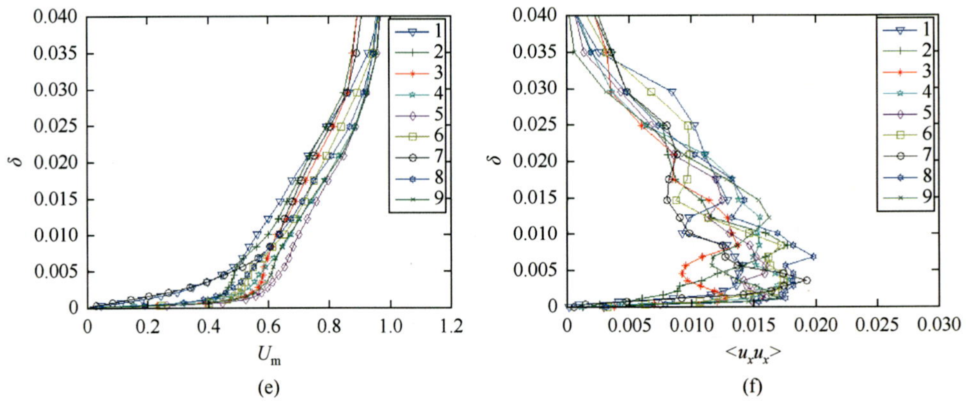

图 5-18　带锯齿尾翼的翼型水平速度分量边界层速度和湍流应力(流场条件：λ/L0.5-β0-L/c14-0/4/8AoA)